高效收纳

治愈人生的家

叶知宅 著

江苏凤凰科学技术出版社 · 南京

图书在版编目（CIP）数据

高效收纳：治愈人生的家 / 一叶知宅著 . ——
南京：江苏凤凰科学技术出版社，2024.5
　　ISBN 978-7-5713-4332-3

　　Ⅰ．①高… Ⅱ．①一… Ⅲ．①家庭生活－基本知识
Ⅳ．①TS976.3

中国国家版本馆 CIP 数据核字 (2024) 第 073451 号

高效收纳　治愈人生的家

著　　　者	一叶知宅	
项 目 策 划	曲苗苗	
责 任 编 辑	赵　研　刘屹立	
特 约 编 辑	曲苗苗	

出 版 发 行	江苏凤凰科学技术出版社
出 版 社 地 址	南京市湖南路 1 号 A 楼，邮编：210009
出 版 社 网 址	http://www.pspress.cn
总 经 销	天津凤凰空间文化传媒有限公司
总 经 销 网 址	http://www.ifengspace.cn
印　　　刷	北京博海升彩色印刷有限公司

开　　　本	710 mm×1 000 mm　1／16
印　　　张	10
字　　　数	160 000
版　　　次	2024 年 5 月第 1 版
印　　　次	2024 年 5 月第 1 次印刷

标 准 书 号	ISBN 978-7-5713-4332-3
定　　　价	59.80 元

序

　　当听到"和收纳师一起生活"，你的脑海里会浮现出哪些画面呢？是享受整洁的环境还是被迫收纳？作为一叶知宅老师的女儿——一个天性自由懒散的人，我们已经共同生活了20多年。母亲的新书即将出版，我恰好以作序为契机，回望居住的点滴，我想她教给我的不仅仅是一种生活技能。

　　八岁时，家里的窗边挂着老式百叶帘，只有拉扯旁边的珠链才能将它卷上，那时调皮的我没有耐心，只想快速把它卷上去，于是便用力地、快速地拉扯珠链，其摩擦的噪声充满整个客厅。母亲闻声而来，她说："细心对待物品，它会好好陪伴你；粗暴对待物品，物品很快就会离你而去。"那个时候虽然并不懂"重视人与物品的关系"这种理念，但这些话却刻在了我的心里。

　　十几岁时，和大部分孩子一样，我整日在作业的世界里抓耳挠腮，常常往桌前一坐就感觉呼吸困难。母亲的做法是，让我先整理桌子和书包，把乱丢的用品放回固定的位置，把暂时用不到的书本放一边，把常用的文具摆放整齐。有时她会耐心地指点我，有时也会严肃地指挥我，总之最终的效果非常显著，在井然有序的环境里，我的心也自然而然地安静下来了。

　　读大学之前，我并未察觉到母亲帮我养成的习惯，直到住进集体宿舍。我们宿舍的床是上床下桌，每个人都拥有一片自己的小天地。我利用鞋盒、书立等随手可得的材料规划我的领地，又用挂钩将剪刀、梳子、钥匙等常用的东西挂在墙上，一切显得如此整齐有序。舍友急需用品时常常向我求助，毕竟我的响应速度永远是最快的。那时我才发现我好像不太一样，而且是种很自豪的不一样。

现在的我是一名互联网产品经理，每天面对的是来自四面八方、千头万绪的事项，每件事都会占用我的时间。我就像做收纳一样，将事情先划分优先级，再放到标注着不同日期的"收纳盒"里，每完成一件事就打钩确认，每天下班时都为待办列表为零而雀跃。当我将这些习惯应用到文档管理及项目排期时，它有效地提升了整个团队的效率。在面对清晰有条理的安排时，我感受到每个同事都松了口气，但唯一的弊端就是我经常被调侃是团队的"管家婆"。

这些年来，无论是住校读书还是在异地工作，每隔一段时间我都要回家给自己"充电"。母亲一手打造的这个舒适温馨的家，虽然它面积不大，但是可观影、欢饮、运动、办公，一家人聚在一起谈天说地，是对疲惫身心的滋养。年近而立，如今的我仍然是一个自由懒散的人，但是我的生活和工作却经常被称赞为"超出常人的井井有条"，这不是因为我对自己的要求有多严格，而是我在母亲潜移默化的润泽下找到了最适合自己的生活方式。

我想也许收纳和人生一样，没有可以复刻的必然有效的完美路径，大家都是在学习和探索中与自己和解、融入生活。希望我可爱又聪明的母亲也能够带给你一些人生自洽的思路。

卜羽

2024 年 4 月

我是本书的作者一叶知宅。

前言

人生有太多的时间待在家中，家不仅庇护着我们的肉体，还容纳着我们的情绪。

在这些或长或短的居住时间中，家中的空间和物品时刻与人的身心发生着互动，所以打造一个称心如意的家是头等大事。

本书记录了作为整理收纳师的我，对家中这套精装商品房的空间规划、收纳改造过程以及惬怀居住的生活动态，也是人与空间、物品、家务从生疏到合意的一小段生活记录。

本书主要呈现如何追求家务轻松，拥有高效生活。本书是整理收纳从业者用空间规划和整理收纳的方式，对精装房做出的优化，是一本包含"空间规划"内容的家庭整理收纳书，你读后可能会有如下收获：

住宅的收纳空间应以居住者近几年的生活动态为基础来规划。

让生活游刃有余的前提莫过于在打造住所时，就将自己预设为"最没有时间做家务的人"。

流行是别人的，而家是自己的。警惕潮流，"太流行的"往往就是需要放弃的。

精装房也有多种经济高效的空间优化方案。

有多种家居整理收纳工具的使用方法可参考。

有一些轻松高效处理家务的方法可借鉴。

有一些中国家庭常见物品的整理收纳方案可使用。

作为整理收纳从业者，我想更细致表达的是有效的整理收纳方式，可以让工作、生活更加轻松高效。

祝展卷愉阅。

一叶知宅

2024 年 3 月

○一叶知宅家的空间概况

家庭基本信息	三口之家：中年夫妇＋成年女儿
住宅形态	精装商品房
建筑面积	123 平方米
户型	3 室 2 厅 2 卫（中西双厨）
交付时间	2019 年初

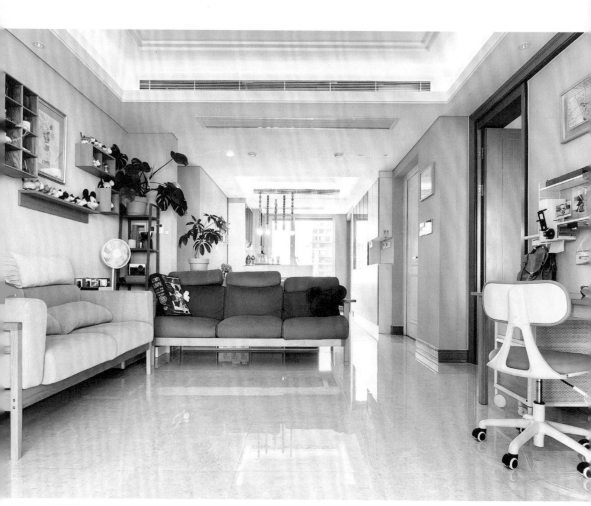

▲客厅

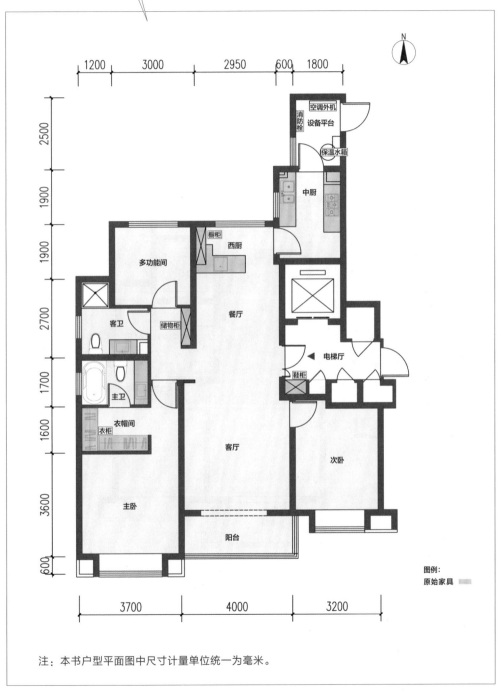

精装房交付时的空间状态

N

| 1200 | 3000 | 2950 | 600 | 1800 |

2500

1900

1900

2700

1700

1600

3600

600

空调外机
消防栓
设备平台
保温水箱
中厨
西厨
橱柜
多功能间
餐厅
客卫
储物柜
主卫
电梯厅
鞋柜
衣帽间
衣柜
客厅
次卧
主卧
阳台

| 3700 | 4000 | 3200 |

图例：
原始家具

注：本书户型平面图中尺寸计量单位统一为毫米。

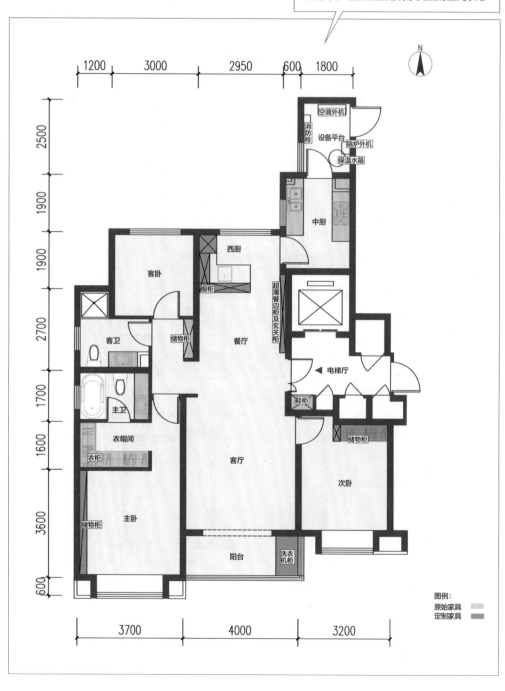

改造中，增加全屋定制家具后的空间状态

N

1200 3000 2950 600 1800

2500

1900

1900

2700

1700

1600

3600

600

空调外机
消防栓
设备平台
锅炉外机
保温水箱
中厨
西厨
客卧
橱柜
储物柜
客卫
主卫
衣帽间
衣柜
储物柜
主卧
餐厅
超薄餐边柜及玄关柜
电梯厅
鞋柜
储物柜
次卧
客厅
阳台
洗衣机柜

3700 4000 3200

图例：
原始家具
定制家具

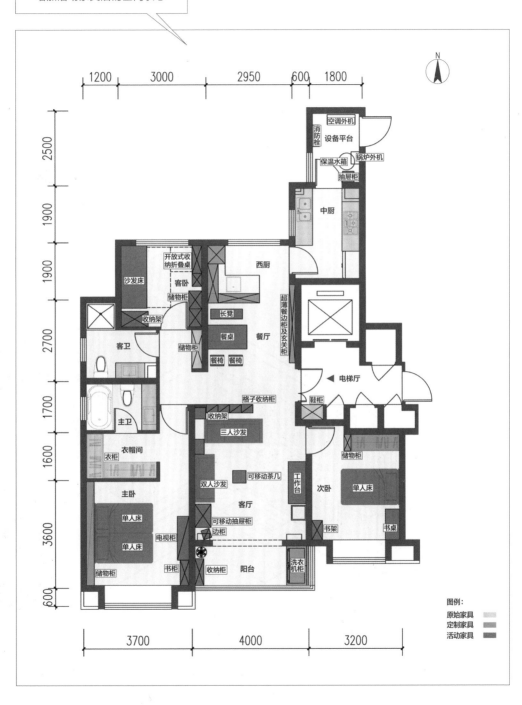

增加活动家具后的空间状态

N

图例:
原始家具
定制家具
活动家具

9

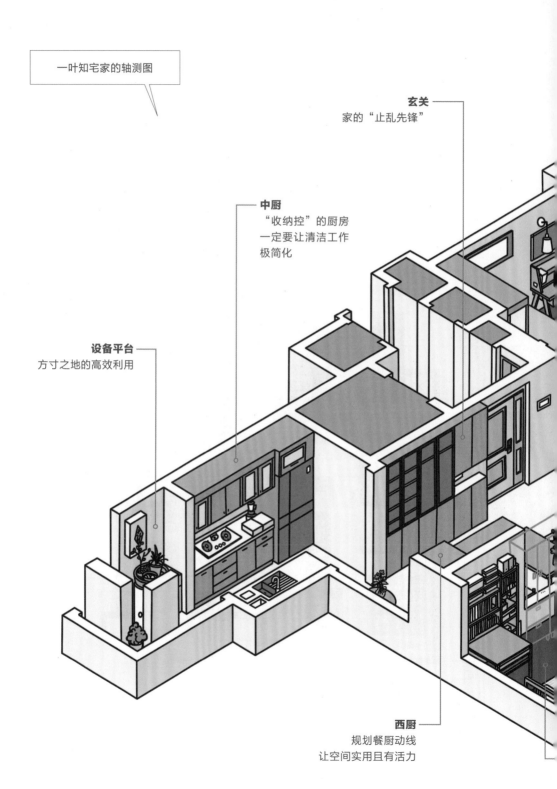

一叶知宅家的轴测图

玄关
家的"止乱先锋"

中厨
"收纳控"的厨房
一定要让清洁工作
极简化

设备平台
方寸之地的高效利用

西厨
规划餐厨动线
让空间实用且有活力

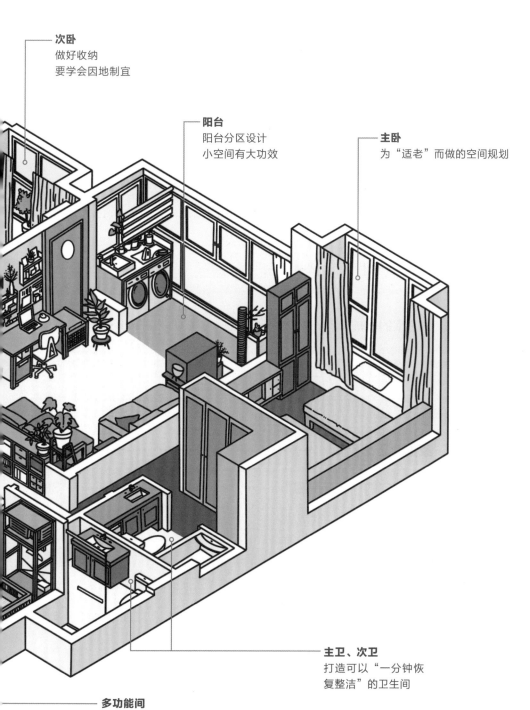

次卧
做好收纳
要学会因地制宜

阳台
阳台分区设计
小空间有大功效

主卧
为"适老"而做的空间规划

主卫、次卫
打造可以"一分钟恢
复整洁"的卫生间

多功能间
7.2 平方米的小空间，
兼作书房、客房、工具间

目录

第 1 章

整理收纳师入住
精装房

第1节
过自己想要的生活

◎ 人到中年，理想的生活状态

不知读到这本书的你，曾经历过多少次搬家？在我和先生 20 多年的婚姻生活里，因为女儿读书、照护老人、职业变动等搬过很多次家，虽然住宅面积、居住条件各不相同，收纳空间的状态多种多样，但每当我在"陌生而新鲜"的房子里，将搬运箱中的物品逐一拿出、拂拭、整理、陈列……整个空间便渐渐有了活力，原本冰冷的房子也渐渐有了温度。

▲ 整理收纳后的操作台

当确定了物品放置的位置，收纳便完成了，它们静静地待在自己的"专有座席"处，等待着发挥作用的一刻。我四下端详，当下的这个空间就变成了幸福的家

这一次搬家，我们从之前面积比现在大了近 20 平方米的双阳台"大家"，搬到这个"小家"。虽然面积变小了，也相应地出现了很多居住难题，但是我不希望全家的居住体验变差。理想生活的目标还在，也正是因为这个初衷，我对这套精装房做了很多空间规划和收纳改造。

不知不觉就到了中年，依然值得我奋力追求的，不过是更多的身心自由。我争取在一定范围内，更高效地处理好各项生活、工作事务。家务并不会让我畏惧或厌倦，如果把时间和体力都大量投入在家务中，势必会削减分配给其他事务的时间。我是常常复盘的人，以往的每一次搬家对我来说都是宝贵的人生经验。这一次搬家，我给自己和家人的设定仍然是"最没有时间做家务的三个人"。

生活里，我和家人的想法非常一致——"今天累了，得早点回家放松一下""最近辛苦，得好好在家休整"，总之，似乎在家里，什么问题都可以解决。显而易见，**"舒适"才是这次精装房改造的需求，要做到合理利用空间。好的空间规划和整理收纳，既能破解居住难题，又能给舒适居住提供必要的保证。**

虽然换了新地方，但可以一如既往、心平气和地开始有序的生活，一瞬间就对未来的一切充满期待了。

做好整理收纳的前提是什么？

首先要清楚居住者未来在这个空间里想要处于什么样的生活状态，在此基础上所做的空间规划、整理收纳才不是徒劳的。其次要清理掉不必要的物品。

在空间规划阶段，通过定制让高处的柜门开向更合理

▲西厨上柜

◎ 构想未来入住后的生活，将愿景做进空间规划中

世界上最好的住宅设计师是谁？必定是你自己。

"对的空间"要能包容居住者的生活习性，"好住的房子"会让居住者从容自如。

最了解自身居住需求的莫过于居住者本人，受专业知识及能力的限制，不是人人都能参与空间营造，但是我们可以罗列起居需求、构想未来的生活场景，并将这些信息整理归类后提供给设计师，与设计师一起构建理想的生活空间。这时候就需要对过往生活进行复盘，构想未来生活，并将碎片化的信息梳理出来，交给设计师。说起未来生活，你和家人可能都不清楚自己想要什么，但回想过往生活，你们便会知道自己不想要什么。这部分的内容可以参考本章第 3 节中的"新房入住回避清单"。我的改造目标是打造一个人与物品、空间在动和静状态下都能和谐共处的家，提升做家务的效率，实现轻松居住。以下是我对未来入住生活的一些想法，后来梦想都变成了现实。

○ 空间规划

打造一个让机器人也会爱上的家。

（1）充电位置

给扫拖机器人等产品预留合理且隐蔽的充电位置，不影响家居环境，让其无须人工干预就能保持工作状态。

（2）家具选择

尽量使用无腿家具、悬吊家具、高腿家具，有助于扫拖机器人运行。弱化全屋台阶的高低差，给精装房的门槛添加过渡坡，让扫拖机器人来去自如。

（3）软装做减法

非落地窗不做落地窗帘。

（4）地面做减法

全屋垃圾桶尽量上墙，扫除扫拖机器人的工作障碍，减轻弯腰整理难度。

▲非落地窗帘

▲高腿床

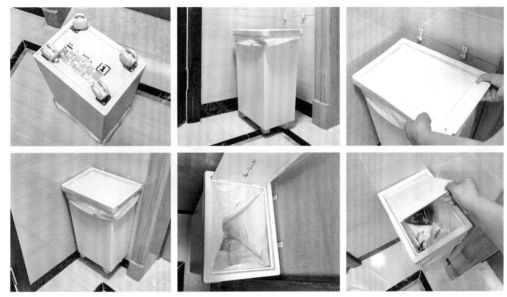

▲垃圾桶上墙步骤图

▲洗地机清扫图

▲无高差地面

○物品选择

① 适当运用智能家居产品，实现远程智能控制，打造更安全、更高效、更省心省力的空间。例如，用语音控制替代窗帘、照明灯的手动开关，缩短开关动线，减少开关窗帘等事项的体力消耗。

▲语音音箱

② 让扫拖机器人、洗碗机等家电来完成相应的家务。这类家务如果都亲力亲为，会消耗大量体力。

▲ 西厨洗碗机

③ 用暖调的陈设营造温暖的家居空间。以便于整理和模块化收纳为出发点来选择家具，不用特意购买装饰品，寻常日用品也可作摆件。

▲ 西厨日用品

○ 人工干预

在规划合理、收纳有序的空间中，我们可以节省大部分的精力。在日常生活中，只需要维护好机器人并做好机器人目前无法完成的一小部分家务即可，保持随手整理的习惯，不定期地擦拭置物架，将日常洗好的碗碟从洗碗机中取出，放入碗柜，让物品及时归位即可

▲西厨餐边柜收纳状态

　　这样，人到中年的我们可以有更多体力照顾自己，孩子也会拥有更多的时间来运动和学习，同时也会拥有井然有序、整洁高效的家。最重要的是家人的关系会更加和谐，不会因为谁做家务而争执。我们有更多时间讨论新书、新电影，理想中的生活正在慢慢靠近。

第 2 节
住宅与我

◎ 从大房子搬进"小"房子

我理想中的房子首先要面积适中，而不是一味地追求大。我和先生考虑要保持轻松高效的生活状态，超出当下生活所需要的面积，也是一种能源的浪费和体力的透支。其次仅是要为闲置的面积花费相应的制冷费或取暖费，这一条我已经不能接受了。

合适的面积既能容纳日常需求，又不会有太多清扫、维护工作

▲ 西厨的空间

对！就是要打造一个易清洁、易维护且能容下饮食起居、健身休闲及居家办公的多功能的家。

入住三年以来，除了日常起居，这个小家还完美地实现了**居家办公、亲友小住、多人聚餐、运动健身、家庭影院**等功能。

相比我们之前居住的大房子，水电费有了明显下降，房间更温暖了，地暖和空调费用的支出也减少了，也不再有"一年才去一两次，只为了做清洁"的房间了。物品的最佳状态是被物尽其用。当面积合适的家居空间被充分使用，房间与生活在其中的人、物品和谐相处，家的每个角落都充满活力、常住常新，家就成了最幸福的空间。这就是我最理想的生活状态。眼下的居住感受——户型通透，布局合理，空间自由，体感舒适，家务轻松。

◎合适的户型才是好户型

户型的好坏不仅仅在于大小和布局，而是在于是否适合业主。

我不会一味地抱怨已经选定了的户型。在可选择的情况下，我是"西边户"爱好者，人生中的前几次换房，都是选的西边，这次也不例外，主要原因是西边户更贴合我的生活习惯。之前我和先生工作忙碌，女儿学业紧张，一家三口每天都日升而出、日落而归。早晨的每一秒钟都被安排得清清楚楚，完全没有时间欣赏日出。周末可谓是"喘息时间"，上午我们会睡到自然醒，下午家人其乐融融地聚在一起随便做点什么，尤其是透过西边的窗户，阳光洒在身上，真是妙不可言。

虽然我知道早晨的太阳宝贵，但那是我享受不到的风景，不如选择更适合自己的采光好、日照时间长的西边户。一家人有机会共同沐浴太阳的余晖，也是一种惬意的人生体验。

西边户的售卖价格大都低于东边户

▲ 太阳的余晖

西边户的明卫可以作为小衣物的晾晒区

▲ 卫生间的窗

▲ 中厨和西厨的窗

　　不知从何时起，人们日出而作、日落而息的生活习惯渐渐变成了晚睡晚起。所以，如果你还在为选择东边户、中间户还是西边户而纠结的话，可以对标自己的作息习惯，赶不及看日出，享受夕阳也挺好。我对自家的户型总体还是比较满意的，这也是购买它的原因，但从空间规划的角度我还是要从毛坯房的状态，分析一下这套房子的户型优劣。

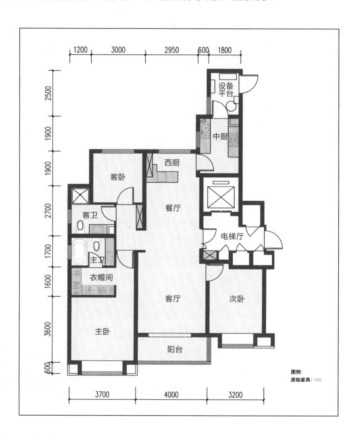

▶ 初始户型图

○ 优点

① 在 123 平方米的房子里做到三室朝南、南北通透，可以称得上是没硬伤的房子了。

② 一梯一户设计，居住效率更高，私密性较好。

③ 对于晚起族来说，西边户型可以享受更长时间的自然光照。

④ 两个卫生间都在西边，光照充足，通透敞亮且干燥，给人舒适的感觉。

⑤ 客厅和餐厅居中设计，避免出现过道空间，避免浪费面积。

○ 缺点

① 两个卫生间未能充分利用空间，浪费了洗衣机、烘干机的位置和宝贵的西晒。

② 北面设备阳台空间被随意使用，失去了放置洗衣机、烘干机的机会。

为了顺应当下的家庭生活状态——常住人口为 2 至 3 人，老人偶尔过来居住，我放弃了将北面房间改为家政间的想法，将洗衣机和烘干机放在了南阳台。下一步是确定洗烘机的具体安放方式，尽量不让家里唯一的阳台成为常见的洗晒区。

将洗晒区规划到阳台一角，留出窗景区域，欣赏美景，感受阳光

▲阳台区域图

◎精装房的收纳空间不够用怎么办?

"精装房的收纳空间不够用"是我听到业主们发出的最多的感叹了。问题就在于交付的精装房收纳空间与家中现有物品体量不匹配。在过往为客户整理的案例中，我曾遇到搬家半年却还有 7 个箱子没打开的家庭。物品被挤在墙角或在箱中不能打开拿出，原因是一旦打开，房间会更加混乱，拿出来的物品也无处安置。

家的空间不能改变，而进来的物品体量却可以由我控制。

最终的解决方案是在物品不断增加的状态下，对现有的物品做精减。为了工作和生活能一如既往地顺利进行，必须努力维持家中所进物品和所出物品之间的平衡。入住后，对室内收纳空间的优化也一直没有停止。我在媒体上陆续分享了很多空间改造、物品整理收纳的方案。很多朋友在入住后问过较多的一个问题是：入住以后还可以改造空间吗? 回答是肯定的。我们的空间，在入住后依然可以通过整理收纳方案进行优化。所谓的"不够用"现在来看并不能算作难题。通过人为干预，解决途径至少有两个——一是精减"非刚需物品"的数量，二是"勘探"出更多的收纳空间。

27

▲ 西厨的收纳状态

第3节
舒适家的养成指南

◎三口之家的居室，每个人都要列出"回避清单"

房间是为了给人居住的，所以一定要围绕"居住者的切身需要"来规划空间。上节提过我的入住构想，但在空间规划之前，还是要和家人一起讨论。别忘了，以后很长一段时间是3个人一起住。收纳空间规划中最必要的工作，是与未来居住者进行访谈，从而列出"回避清单"，即每个家庭成员在未来的家中"最不希望发生的事"。先生和女儿提出了不少意见，再加上我的意见，便提炼出下表。

新房入住回避清单

序号	回避清单	回避原因	解决方案
1	因为只有一个阳台，所以不想坐在客厅时看到阳台上晾晒着衣服	如果客人来了，看到内衣会很尴尬；很喜欢阳台外面的风景；希望阳光尽可能多地照进房间	在阳台规划了洗、烘、晒、熨、叠一体的空间，将衣架纵向安装，避免了横向晾晒所导致的尴尬
2	不想每天吃力地打扫卫生，想要干净整洁的卧室	全家3人都很忙，不希望牺牲太多工作、学习的时间来打扫，也不想因为源源不断的家务引起家庭矛盾	使用细腿家具，充分发挥扫拖机器人的清理作用
3	不希望地面有碍眼的垃圾桶，也不想总是弯腰整理垃圾桶	地面垃圾桶很容易翻倒，会衍生出新的家务；家中两个中年人希望少做需要弯腰整理的动作	在改造前定制嵌入式垃圾桶，抬高垃圾桶的摆放位置
4	不希望用太多时间来做饭，但还要保持少点外卖的习惯	做饭的确很花时间；常吃外卖对健康无益	在改造前预留微蒸烤箱的空间
5	不准备买大餐桌，但节假日有10人以上在家聚餐的需求	可围坐10人以上的大餐桌太占空间，对小户型不友好；聚餐活动一年中只会发生几次	定制书桌、餐桌一体桌，满足日常生活和聚餐需求
6	不希望有常年闲置的大床占据房间，但需要给老人准备好偶尔来住的大床	专用客房的使用频率很低，家居空间应当有效使用	空间折叠结合模块化收纳，打造灵活可变的房间
7	人到中年，为保证睡眠质量，有分床的计划，但无分房的打算	作息时间不一，同床而眠的夫妻容易互相打扰，但分房休息又不方便夫妻日常交流	两张单人床解决了分床不分房的问题
8	不想在客厅里做电视墙，但偶尔一家人也会在客厅看电视剧	一旦打造电视墙，很难更改，不利于未来客厅空间的变化和调整	放弃电视墙，增加墙面收纳空间，用投影仪代替电视机

实践证明，因为提前做好了空间规划，这些家人不希望出现的场景都没有在家中出现过。

阳台东西两侧分别为洗晾区和绿植收纳区

◀洗晾区（阳台东区）

入住三年后，深刻地体会到空间利用率提高了。相比之前的大房子，生活变得更加轻松高效了，井然有序的生活提升了家人的幸福感。当然，每个人都有自己独特的居住愿景，各个家庭也都有形形色色的需求，因此明确地提出自己的"回避清单"很重要。

◀绿植收纳区（阳台西区）

◎精装房改造的第一步——空间规划

从装修改造到欣然入住新家，这一系列事项如果做个重要性排序的话，那么我觉得最重要的莫过于用对空间。订下无法安装的电器可以退货，买了不喜欢的家具可以转售，唯有用错了空间难以逆转，这往往需要更多时间、精力和预算才能弥补。

在改造之前，梳理出家人的日常作息和家务的操作方式，并将它们纳入未来的生活空间里。这样做表面上是增加了思考改造的时间，但实质上是给原本茫然无绪的改造找到了方向，也给入住后的生活扫除了不必要的障碍。

近几年我做过的入户整理收纳案例中，大多数委托人对自己的居住环境都有很强烈的整洁需求，几乎每天都在做整理收纳，但有很多家庭却莫名深陷于混乱无序的生活状态。原因多种多样，但主要是下面 3 个原因：第一，空间使用不当；第二，家务动线不畅；第三，缺乏整理收纳知识。即使已经入住，通过学习和实践仍可以改善第三点，但前两点如果在装修或改造时被忽略，那么混乱无序便会在日后的居住生活中不断出现。即便是整理收纳水平很高的专业人士，也不能完全弥补，只能做到尽力改善。

近两年我在给委托人做居住空间收纳策划案时，基本流程如图所示。

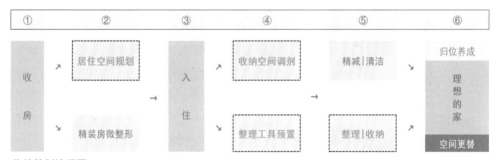

▲收纳策划流程图

流程可分为 6 个步骤，图中虚线框的部分就是专业人士介入的时间节点。作为居住空间收纳策划人，要引导居住者一步步打造出预期的家（注意：这里的动词是"引导"，并不是代为做决定）。通过流程图可以看出，空间规划需要放在最初进行，因为一旦入住，我们所能做的只是在既定空间里用整理工具进行调整。当专业人士的服务结束，后面就需要居住者在家居空间里做好维持工作了。如果再次陷入混乱，那么可以从第④步重新开始微调。如果没有特殊情况，工作量不会很大。

◎关于房间"颜值"这件事

我没想到"颜值"这个网络热词居然会如此频繁地被家居博主们使用。"雕栏玉砌应犹在，只是朱颜改"大家都耳熟能详，足见人类即便陷于苦闷之境，心中最挂怀的也莫过于旧居与故人了。

追求家的外表和房间的"颜值"是不是有点令人羞于启齿呢？有趣的是：在我入户整理的活动中，引导委托人对他的超量物品进行精减时，首先被丢弃的通常是引起委托人不好回忆的物品，接下来往往是委托人认为"丑的东西"。尤其是一些年轻的委托人，他们从初入职场到经济逐渐独立，审美也在不断变化。正所谓"颜值即正义"，他们会毫不心疼地舍弃家居物品、收纳工具，也会为某件不实用但"颜值爆表"或有着匠心设计的日用品买单。对于生活方式的"正确性"，很难讨论出结果。活在这个时代，谁又能将积极的情绪价值一笔勾销呢。

○关于家的底色

我到访过的每一个家都有它独特的色彩。我在看到地产商发布在业主群里的装修进度图时，就预想未来小家的基底色是暖黄色。这是我可以接受的现代又柔和的暖黄色，是代表泥土和木头的颜色，亦是来自食物和植物的颜色。这也是地产商在软装交付中应用最多的色彩。那么顺势而为，在此基础上做精装房改造，便不必大费周章地拆除、重建，因而省下大量工时和预算费用。

▲室内的色彩基础

根据现有的资源，比如房间的精装基调，主要家居物品的风格、色彩等，早早定下精装房改造的主攻方向是一件很有必要的事。在后期改造中，我内心关于"家"的诸多设想，都可以毫不纠结地在此基础上逐一实现了。

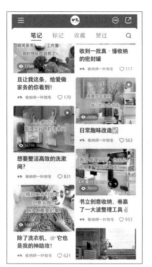
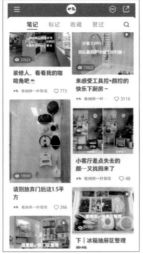

我的自媒体主页自然而然就有了一个独特的、暖暖的主色调

▲我的社交媒体的色调截图

这套精装房后期改造中让我感觉最大的一项障碍，莫过于地产商出于"行业惯性操作"赋予物品喧宾夺主的颜色了，比如常常被业主们诟病的大红门、黑钢窗、紫地板，等等。

○门窗改色

我家也是地产商惯用的大红门。我不希望这种猪肝红色出现在我的家中，所以我决定改成没有存在感的白色。找师傅上门，用小型空气压缩机带动，给全屋所有的窗和门喷了三遍室内环氧漆，花费不到 2000 元，两天基本就闻不到油漆味道了，我觉得值得一做。

▲门窗改色中

门窗改色之后，屋内亮起来了。将突兀的门窗"隐身"，出现大片留白空间。下一步便可以根据设想布置房间了

▲改造后的入户门

　　提及门窗，就不得不提封闭阳台。关于型材色彩我的想法是既然已经做了封闭，就尽可能地将阳台和客厅融为一体。封闭后的阳台，整体上要靠近木纹、布艺等常见的室内元素。

　　拆除客厅和阳台之间的黑框移门后，考虑到室内颜色不宜过多过杂，所以封闭阳台的型材色彩尽可能与交付时室内的颜色靠近。

▲ 阳台改造前

▲ 阳台改造后

　　去型材实体店看了一圈，如我所想，封闭阳台的型材确实可以选色，阳台也终于可以告别黑白灰的冰冷感了。室内整体的色调基本统一，风格上也更加和谐了。

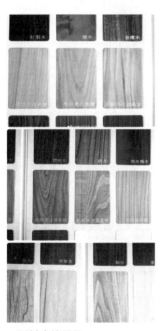

▲型材店的展品

▲改造后的窗

　　定好整个家的底色之后，后面的空间改造、物品选购也有了配色方向。

第 2 章
家的 12 个空间

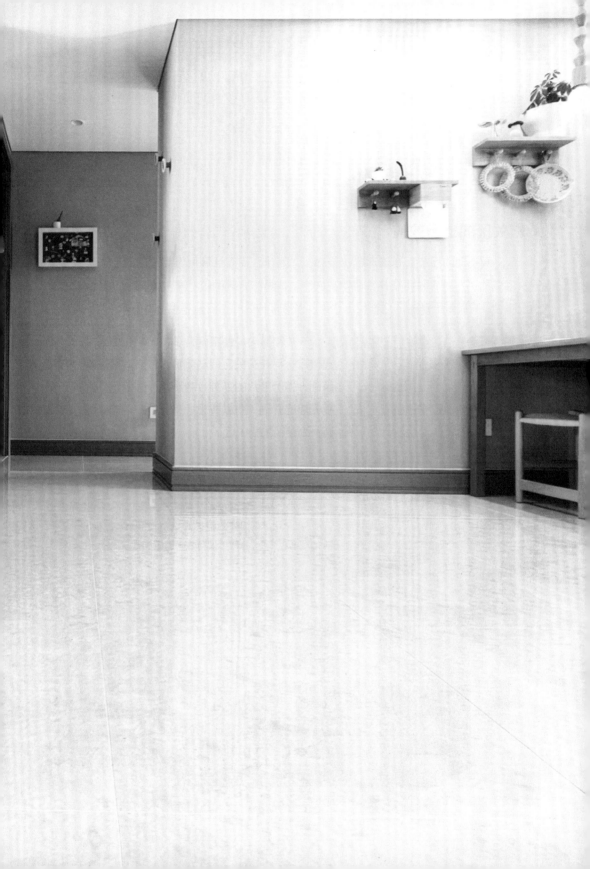

第1节
玄关
家的"止乱先锋"

◎ 玄关区的破窗效应

很多爱整理的朋友都有过这样的疑惑："为什么我很认真地做完整理收纳，家里总是很快就变乱了？"这时我往往会让他发来一张家里的玄关照片。室内凌乱往往是玄关区的整理收纳没有做好而产生的连锁反应，因此保持玄关区的整洁有序相当重要。

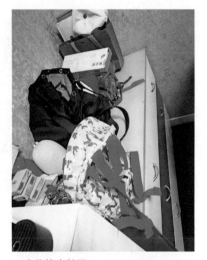

▲ 凌乱的玄关区

玄关和室内其他空间几乎是时时互为响应的，破窗效应一旦在玄关区启动就很难停止。踏进家门的一瞬间，横七竖八的拖鞋、随手乱放的包包，就成了混乱无序的开端。所以要想拥有一个整洁的空间，要先有一个整洁的玄关区。

> 我家也存在精装房的常见问题——入户门外的柜体收纳空间很小，层板分区不合理，仅可放下有限的几双鞋子

▲ 房地产商赠送的门厅柜

▲ 门厅上柜

▲ 门厅下柜

我通常不建议委托人在入户门外的公共区域增设柜子。除了遵循物业管理规定，也是基于公共安全方面的考虑。

如果门厅的留白区大，那么空间体验感会更加舒适。增加柜子的目的，如果只是为了收纳更多的鞋子或其他物品，那么同样容积的柜子，不同的内部收纳设计可放置的物品数量大不相同。如果希望收纳更多物品，首先应当审视现有空间有没有被合理利用，从而决定如何调整柜内空间。我给大家的建议是尽力做好室内空间的整理收纳，使门厅区域呈现简约、整洁的面貌，这样既方便行动，又令人心情舒畅，更不会违反公共区域消防管理条例。

我家的门厅柜是这样改造的，将上柜的层板取下一层放入下柜，并将下柜的所有层板倾斜，这样下柜就得到了 4 层放鞋空间，拿取鞋子也变得更加便捷。在这样狭窄的空间里，上柜和下柜不方便两人同时取放鞋子，于是我便将上柜改造为雨伞等日常物品的存放区。在上门整理收纳过程中，我曾多次运用调整层板的方式，帮助委托人发掘出更多空间。

❶ 将有异味的油漆工具收纳在室外。

❷ 将擦鞋工具收纳在门厅，便于出门前使用。

❸ 尼龙布收纳包，方便外出时携带。

❹ 拆快递的小刀磁吸在门厅，用于拆大件快递。

❺ 消毒枪。

❻ 鞋套。

❼ 取快递拖车。

❽ 将层板改成斜插式，增加收纳空间，便于拿取。

▲改造后玄关的收纳状态

◎ 完成房地产商没做完的"作业"

　　我家的这套房就是典型的室外空间小、室内无玄关的户型。这样"先天不足"的空间很难承载玄关的全部功能，最简单的办法就是自己完成房地产商没做完的"作业"。为了最大化地利用空间，我用了全屋定制的方法。全屋定制家具都是落地柜，可以将嵌入式空间做到极致，毫不浪费。所以类似我家这样的户型，比较实用又不失美观的做法就是将全屋定制家具与品牌家具相结合。

　　这次全屋定制部分我一共做了 5 处柜子，分别是次卧衣柜、洗晾整理柜、主卧床后柜、西厨改造柜、玄关餐边柜。

大部分人包括全屋定制的设计师都建议在 A 处设计玄关柜，但是我认为在 B 处做一个超薄玄关柜更加合理。

▲ 没做柜子时的玄关

B 处中厨门口的墙垛有 20 厘米的厚度，距离餐桌较近

　　B 处较合适填空，填空厚度需要根据收纳物品、过道宽度设置，体积会比 A 处大出许多。我计划设置填空厚度和墙体平齐或略微超出一点，因为玄关主要用于收纳鞋子、包包、雨伞、钥匙等物品，只要能收纳下这些体积小且零碎的物品即可。考虑玄关柜距离餐桌位置比较近，可以将餐边柜和玄关柜规划在一起，形成一体柜，用玻璃门和枫木门板区分，不仅外观比较整体，使用动线也会很流畅。

▲ 最终做好的玄关柜

　　因为客厅是狭长的，所以我尽可能不再放大这个特点。除将室内家具尽可能横向摆放之外，还严格控制室内墙体收纳柜的尺寸，例如，玄关餐边柜的深度与墙体凹进去部分的深度基本保持一致。

玄关柜的外尺寸为 22 厘米、内尺寸为 17 厘米，可以说是个超薄柜了

▲餐边柜与餐桌间距

　　另外一些意见是将玄关柜设置在餐桌后方，那样可以打造更深的柜子。确实大部分同户型的邻居都这么做了，但位置改变，会减弱玄关柜的功能。进门后换鞋、放包的动线过长，需要走过餐桌，也会丧失玄关功能，无法完成入户即归位的动作。

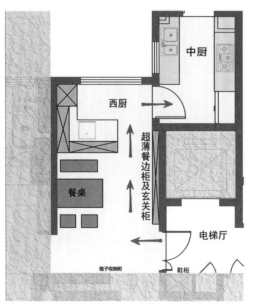

▲改造后的动线图

　　还有一点很重要，如果在进门对面的墙上做玄关餐边柜，餐桌椅的位置势必都需要向入户门及通道的方向平移，那么进入中厨的动线则有可能成为迂回的弯道，而不是空间本身简洁直接的动线了。因为收纳设置而让简单的空间变得复杂，给空间增加了"负担"，这不是我心目中理想的收纳方式。

◎ 用列表法来处理空间规划中的不同意见

最初我提出这个空间规划方案时，先生和女儿不是太赞同。一是担心这么薄的柜子放不下什么东西；二是一起做精装改造的同户型的邻居们，没有人选用这样的方案。遇到意见不一致的情况，可以采用表格的形式列出所有利弊，再做决策。

列表法

序号	项目		在 A 处定制玄关柜	在 B 处定制玄关柜	胜出
1	预算		较低（需另外计算餐边柜预算）	较高（玄关柜与餐边柜合二为一）	A
2	收纳容积		较小，相当于原室外的门厅柜的容积	充足，相当于原室外门厅柜 2 倍以上的容积	B
3	美观度		一般	较好	B
4	款式外观		相对固定，选择较少	可根据需求定制	B
5	空间感受		较零碎	较整体	B
6	通透性		略遮挡	无遮挡	B
7	动线		迂回	直接	B
8	对周边空间的影响	次卧	进出有阻碍，但私密性更好	进出无阻碍，缺乏一定私密性	AB
		餐厅、客厅	需另外定制餐边柜，餐桌、台面易堆积杂物，沙发上容易堆放外套、包包等	玄关柜与餐边柜合二为一，杂物、外套、包包等在柜内都有固定的位置	B
		厨房	去厨房的动线不受影响	去厨房的动线受玄关柜的深度影响	A
9	随身物品收纳	手机、钥匙	可收纳，私密性较好	可收纳，私密性较好	AB
		外套	挂放位较少	有相对固定的位置	B
		包包	收纳数量受限	收纳数量较多	B
		鞋子	放进门外鞋柜或仅放少量鞋子	放进门外鞋柜或仅放少量鞋子	AB
10	出入户效率		较低，需要多处柜子收纳随身物品	较高，随身物品大部分可集中于柜内，无须寻找	B

看完表格，先生和女儿不再反对将玄关柜设在现有位置，我对继续完成这个方案也更加有信心。

▲餐边柜到中厨、西厨的动线

▲玄关柜与餐边柜区域划分

红色线框为玄关柜，蓝色线框为
餐边柜、食品柜

▲玄关柜高处用挑杆拿取物品

高处收纳较轻的抽纸，
不用借助梯子，用挑杆
即可拿取

　　玄关餐边组合柜既可以实现入户换鞋、放包包、挂外套的一系列动作，又解决了餐桌和厨房日常餐具、常用食材的收纳问题。关上柜门便不会对餐桌区造成干扰。在室内入户门处增加具有玄关功能的收纳空间可以解决的问题如下：

　　① 在门厅空间较小的情况下，这样改造不会出现进出门时排队换鞋的情况。

　　② 不会出现放不下鞋子以及鞋子散布在门厅的窘境。

　　③ 室内一体柜既可以解决常用物品收纳的问题，又可以解决餐具收纳的问题。

　　经过空间规划，在室内 B 处设置了补充玄关功能柜，将 C 处的高柜改为公共大鞋柜，供全家人自由取放。而 A 处室外鞋柜则用于收纳全家人的应季常穿鞋。

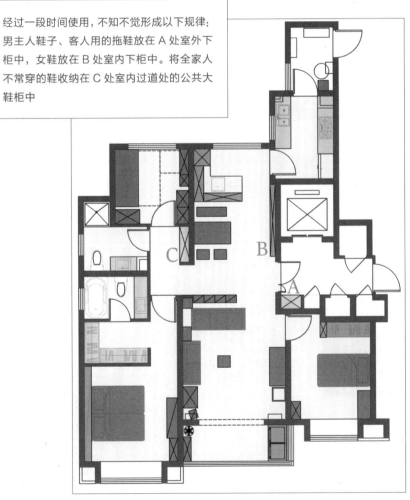

经过一段时间使用，不知不觉形成以下规律：男主人鞋子、客人用的拖鞋放在 A 处室外下柜中，女鞋放在 B 处室内下柜中。将全家人不常穿的鞋收纳在 C 处室内过道处的公共大鞋柜中

▲ 鞋子收纳规律示意图

▲公共大鞋柜

将雨伞等大件出门常用物品放在室外上柜中，将钥匙、口罩等小件常用物品放在室内上柜中。现在看来"柜子太窄放不了什么物品"的担心是不必要的，基本上餐厨区日常用品的尺寸都在 17 厘米以内，像我家这种玻璃器皿比较多的家庭，浅柜更方便拿取，玄关柜区域挂上两三件外套，下面放一两个包包是没问题的，但放鞋的数量有限，每层只能放两双鞋子，加上室外的鞋柜和室内全家共用的大鞋柜，足以满足日常需求了。

外套、包包、餐具、杂粮、零食、不常用的杯子、抽纸、口罩、钥匙、女士鞋子（家人的鞋子分开收纳，一同出入时，不必挤在门外换鞋）

▲玄关餐边组合柜尺寸

▲玄关餐边组合柜收纳状态

　　虽然牺牲了柜子的进深，但得到了流畅的动线、赏心悦目的观感、方便使用的储物空间，还是很值得的。当然，这个柜子深度是基于我家特定空间而设定的。如果你家有足够的空间，考虑拿取方便、置物从容，建议柜子深度是 28 厘米。这一次柜子的设计制作过程加深了我对于空间使用方面的认识，在做空间规划时一定不能"贪心"，有失才有得。说到底，收纳柜只有根据家庭物品特征和生活习惯来设计，才能寻求最大化地适用和美观。

　　我心目中好用的玄关，至少要拥有两点功能。一是回家动作流畅，有能够放下手中物品的台面或地面空间；二是出门动作流畅，能够顺手拿到出门常用物品，比如钥匙、口罩、随身包等，迅速完成换鞋、穿外套等动作，两人以上同时出入时，不会拥挤或排队等候。

▲可以临时摆放物品的小台面

▲高处的手柄收纳盒

▲交错平放的鞋子

　　玄关区仅做到以上几点，还是不够的。考虑当下国人的生活常态，想要打造一个井然有序的室内空间，一个方便拆装快递的操作区也是需要的。尤其是我这样的家居博主，家中每周都有很多快递。我家有个生活杂物柜，专门收纳拆装快递的工具、家庭日常清洁工具和我的整理收纳工具。

拆装工具放在专用抽屉里

▲作为补充作用的生活杂物柜

◎ 玄关柜的补充：生活杂物柜

　　一些几乎每家都会有的杂物，比如拆快递的小刀、剪子，透明胶带，电池，以及各种收纳小挂钩、磁吸扣、胶水、药品等，如果不做好整理收纳，它们就会很凌乱地散落在家中各处，如抽屉中、柜子里，甚至沙发上、餐桌上。

　　我早早就给这一类生活杂物设置了固定位置。因为都是家人高频使用、共同使用的物品，所以将它们放在客厅与餐厅的交界处，也是接近入户门的位置，同时可以在第一时间拆快递，避免其包装进入室内。

▲ 生活杂物柜

常用生活杂物和整理收纳工具，放在家庭公共区域，人人可用

▲ 灵活多变的空间

当收到大件物品时，只需将餐桌向西厨方向移动，即可腾出拆卸快递的空间

第 2 节

餐厅
用超薄柜优化"先天不足"的空间

▲ 玄关餐边组合柜

◎在既定空间里定制最合适的柜子

由户型图可以看出客餐厅属于窄长空间。如果在两侧再做上厚厚的收纳柜,身在室内,人会有局促感,活动范围也会陷入"直来直去"的陷阱。所以我决定将这个窄长空间横向利用,餐桌、沙发等大件家具均横向摆放。

超薄柜

横向摆放的餐桌

横向摆放的沙发

▲横向摆放的家具

不常用的碗碟、杯子等

活动层板，可根据物品
的大小决定层板高度

常用碗碟

墙垛深度为 20 厘米，这个区域还有
一条重要的动线——进入中厨。所以玄关
餐边组合柜需要在实用的基础上尽量做薄。
此处需要放置的日用品主要为碗、水杯、
食品收纳盒、抽纸、随身包等，而这类物
品的收纳尺寸基本都在 20 厘米以内。

▲调整层板高度后的餐边柜

　　柜子的底板和门板总厚度约为 4 厘米，我仅仅将玄关餐边组合柜的深度在墙垛深度 20 厘米的基础上加大了 1 厘米。柜子定制完成后外部深度为 21 厘米，内部净深度为 17 厘米。这样既不会浪费家务高频活动区域的宝贵空间，餐具的陈列又一目了然，而附近的餐桌凳也为出门前换鞋提供了便利。

深度为 17 厘米的玄关餐边组合柜，物品一目了然，我家很少出现到处找东西的情况

▲ 餐边柜部分储存副食与粗粮

　　下图中，过道 90 厘米的宽度确实不可以再缩减，这也是柜子的深度控制在 21 厘米的原因。如果没有过道宽度的限制，摆放碗杯、粗粮收纳盒这类物品的柜子，比较理想的内部净深度是 28 厘米。

可以重复使用的标签留在柜门内侧

90 厘米

▲ 西厨柜子与餐边柜的距离

▲ 贴了标签的物品

当然，餐厨区除了小体量的碗、盘，25 厘米左右的物品出现的概率也很高，例如成袋的米面、大桶装的油等。在西厨另一个区域我就定制了一组 30 厘米深的柜子作为补充。

▲米面粮油囤货区

◎空无一物的餐桌

我理想的餐桌是这样的，就餐时摆上家人喜爱的食物，色香味俱全，非就餐时段一定要做到空无一物，除了摆放时令鲜花或者准备吃的水果，我不能忍受餐桌上有随手放置的杂物。

▲整洁的餐桌

○我为什么要让餐桌上空无一物呢？

① 可以营造整洁有序的室内环境。

② 台面大面积的留白，可以让我们在需要记录或操作时立刻行动。

③ 一旦餐桌上开始出现第一件杂物，那么后期就会出现更多杂物。

④ 可以顺畅地进入一日三餐的用餐流程。

> 为了让餐桌上空无一物，同时就近收纳餐巾纸，我定制了有机玻璃纸巾盒，在表面贴上木纹纸，然后用纳米胶固定在收纳架上。用餐时不用起身就能拿到餐巾纸，也不用担心餐巾纸盒占用桌面空间了。

▲餐巾纸盒上墙图

　　有一段时间我每天记录三餐的卡路里，餐桌上一下子多了食品秤、白板、笔、板擦等物品。我便用磁吸条和磁吸扣将白板和板擦上墙收纳，将食品秤和笔也收纳到架子上，记录时拿取很方便，餐桌日常还是维持着无物的状态。

▲日常记录用的食品秤、白板、笔和板擦

▲磁吸扣吸附的板擦

▲上墙收纳的物品

◎书桌和餐桌可组合，不让家中出现光看不用的大餐桌

虽然外出就餐很方便，但是喜欢在家聚餐的家庭还是很多的。我家往往在春节、中秋小长假时会有 10 人以上的聚餐需求，那么买不买大餐桌呢？不买无法在家中聚餐，而去餐厅聚餐，长辈们又很难尽兴；但在小户型中放一张大餐桌，一年才用上两三次，餐桌却一直"霸气"地横在餐厅里，让日常活动空间缩小了一大块。于是，我决定通过家具的变化，用"模块组合"来达成需求。

我的方案：餐桌 + 书桌 = 大餐桌

餐厅区域使用一张木餐桌，并在相邻的客厅区定制一张同样材质的木书桌。当家里有 6 人以上聚餐时，就将两张长方形桌拼成一张方形桌使用。

书桌尺寸：140 厘米 ×60 厘米 ×72 厘米
（长 × 宽 × 高）

▲日常使用的书桌

餐桌尺寸：140 厘米 ×80 厘米 ×72 厘米
（长 × 宽 × 高）
拼接后大餐桌尺寸：140 厘米 ×140 厘米 ×72 厘米
（长 × 宽 × 高）

▲合并后的大餐桌

▲用保鲜膜固定

定制的书桌跟餐桌完美契合。这样就得到了一张 1.4 米 ×1.4 米的方桌。就餐时用保鲜膜将两边的桌腿缠绕固定，配上网上定制的玻璃转盘，能够满足 12 个人聚餐需求。餐厅两墙之间的距离为 2.9 米，餐桌的长度是 1.4 米，计算出椅子、凳子及落座的所需空间，拼桌可以很从容地坐下 12 个人。

注意点：餐桌尺寸较常规，很多品牌都可以购买到。书桌尺寸如果找不到合适的，则可以定制。两张桌子需要保持同样的高度，并使用相同材质，桌腿选择正方形更稳定。

▲餐桌 + 书桌 = 大餐桌

相比购买同款成套的椅子，准备形式各异的凳子和椅子更适合小户型。不聚餐时，所有的凳子和椅子都分布在不同的房间，各有用途。推荐实木小圆凳，日常可以当作花架使用，也可以用作床头凳，用途多样，对小户型非常友好。

▲充当花盆架的凳子

第 3 节

西厨
在最短的动线里高效完成烦琐家务

▲ 氛围满满的西厨

◎ 打造流畅合理的餐厨动线

在整洁又熟悉的家中舒适地度过每一天是人人向往的生活，但要一直保持美好的家居环境是比较困难的，因为"家务是干不完的"。当所有家庭成员都愿意主动做家务，家人的关系就会更加和谐，负面的抱怨情绪便不会出现。精装房改造时，我首先考虑到的是消除做家务时的疲累、重复劳动、无效付出等负面因素，让做家务成为轻松愉悦的事。

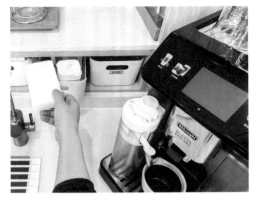

▲清理水槽时会使用到的清洁工具

▲定制的亚克力托盘

▲收纳杯子的托盘

▲尺寸合适的手柄收纳筐

咖啡豆用透明的密封
储存罐收纳，可以更
好地留存豆子的风
味，也方便取用

▲咖啡用具都被收纳在伸手可得的位置

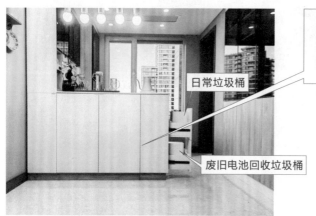

这组位于在西厨前的定制柜，既增加了米、面、油的收纳空间，又有效遮挡了西厨日常操作时的杂乱

日常垃圾桶

废旧电池回收垃圾桶

▲西厨侧面的垃圾桶

柜内收纳了餐桌上会用到的酒杯、台布、桌垫等，剩余空间囤放既定数量的米、面、油和体积较大的食材，在中、西厨房使用拿取都很便利。不用弯腰使用的垃圾桶，让垃圾整理变得轻松便捷，室内环境整洁有序。柜上用防水的石英石台面，作为日常水吧台使用。这样的布局既方便家人喝水，喝完后将杯子转身放到身后也是举手之劳。放置精心挑选的吸水石，日常不用频繁使用抹布擦水，告别衍生家务。

家人无形中达成了共识，将用过的杯子直接放入洗碗机，再把洗碗机里洗干净的杯子放入橱柜，将正在使用的杯子放在吸水石上。这样，再也不会发生误用他人杯子的情况，餐厅、厨房里也不会到处都是用过的杯子了。

▲放杯子的吸水石

▲杯子和茶具收纳

很多时候隐形家务才是令人劳累疲惫的原因，一定要用对空间来告别隐形家务。做好了空间规划和整理收纳，就能用对空间，其基本特征是：

① 收放自如，拿取和归位往往都能用一两个动作来实现。

② 唾手可得，伸伸手，需要的物品就能拿到。

③ 可视化程度高，即使是不常做家务的家人，也能在第一时间找到需要的碗、碟或用具。

④ 动线极短，不用跑来跑去，即使同时完成多项家务也不会觉得劳累。

用 4 只透明挂钩收纳常用烤盘

下方烤箱托盘

外带食品收纳盒

烧烤炉

易拉袋

▲西厨上方的收纳状态

应急用隐形挂钩，有大量垃圾时用购物塑料袋收集

▲收纳杯子的置物架

▲常用工具收纳处

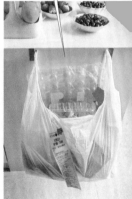

▲挂起来的垃圾袋

在预设好的流畅动线下，用餐完毕的人会自觉地通过这个水吧台，递送用过的碗筷，协助做家务的人完成餐后整理工作。只要有了合理的空间规划，后期的整理收纳都会变得非常容易。

▲物品传递动线

◎会"互动"的家电，让空间更有活力

这套住宅交付时中厨、西厨分别预留了冰箱位。邻居的设计师建议，如果不打算在西厨放冰箱，就定制收纳柜。我的做法是做成收纳柜，同时尽量放置电器。柜子仅用于储物未免可惜，而合适的家电能让空间更具活力。如今微蒸烤一体炉已经具备了发酵、保温、解冻、预约蒸烤、微波加热等功能，极大地提高了下厨的效率。

这里我特意选择了与高柜的柜门玻璃相近的黑晶面板微蒸烤一体炉、黑晶面板洗碗机，以免同一空间出现过多装饰元素。较高处的橱柜门板使用玻璃元素，也是提升收纳可视化的方法。

▲改造后的西厨家电收纳区

　　西厨还安装有净水器、垃圾处理器、咖啡机，这个角落就是利用率很高的水吧、休闲角。我理想的厨房状态是，下厨者们既互不干扰，又能与就餐者随时互动，中、西厨分区，加上设备的"助攻"，让每一次聚餐都自如而尽兴。

▲ 洗完的碗盘通过台面转移到中厨和餐边柜

▲ 台面下的垃圾处理器和净水器

▲ 有延伸台面作用的沥水架

▲ 位于洗碗机上方的刀叉、筷子收纳抽屉

◎ 布局合理的厨房，让家人关系更融洽

　　居住空间对生活方式的影响不容小觑。西厨做了改造后，加上中厨的燃气灶、电饭煲、破壁机等设备，我感觉家中的任何一次聚餐，下厨从未成为负担。爆炒的菜在中厨做，中厨灶台下方就近收纳了炒锅、锅铲、菜碟。蒸菜、烤食、冷切的菜在西厨完成，西厨附近设置了微蒸烤一体炉，还收纳了骨碟以及餐桌上使用的碗筷刀叉等。这样很大程度上避免了厨房拥挤、拿取物品动线杂乱等问题。

如果是多人聚餐，那么我和先生会统筹好燃气灶、微蒸烤一体炉、料理机的工作时间，尽量让食物在同一刻端上餐桌。餐后启动洗碗机、扫拖机器人、洗地机，清洁工作也能迅速处理完毕。各自独立又互通的中、西厨，让下厨空间收放自如，家务更简化。非特殊情况，用餐前、中、后，都不会出现某个家庭成员独自在厨房里忙碌的现象，再也没有孤独的做饭人。

▲互为补充的中、西厨房

厨房空间分区合理，动线流畅，科技先行，收纳有序，下厨自然就可以轻松高效。不得不说全家人共聚一屋，分享各自制作的美食，下厨和就餐都成了融洽家人关系的催化剂。

◎收纳盒买不买？这是个问题

居家生活中，少不了各种收纳盒，尤其是在网站上看到收纳达人分享的收纳工具，你会不会心血来潮地买回来一堆？然而事情并非如此简单。整理收纳师在上门指导中，常常需要帮助委托人对物品进行精减，这些物品中不乏各种收纳工具和大量的收纳盒，那么在什么情况下收纳盒才属于"非有不可"呢？比如我家西厨这个狭长的深柜，如果没有收纳盒的辅助，物品不仅很难放入，拿取也会极其困难。

选对了收纳盒，就能就近收纳洗碗机用品（洗碗盐、洗碗块等），非常方便

▲方便取物的收纳盒

▲晾在沥水架上的抹布

▲分层收纳的水槽清洁剂和洗碗机清洁剂

第 4 节

中厨
"收纳控"的厨房，
工具收纳和清洁工作的极简化

◎ 我的宜家厨房

　　房地产商交付的厨房我们没用多久就换成了宜家厨房。我和设计师一口气讨论了 5 个小时，终于确定了中厨的改造方案。我的想法其实很简单，就是让中厨更好用、更好看。

▶ 在中厨做饭时的晚霞

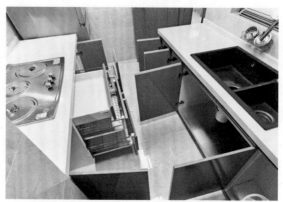

▲ 改造前的调料架　　　　　　　　　▲ 改造前的橱柜收纳空间

▲ 改造前调料架的收纳空间　　▲ 改造前的中厨　　▲ 改造后的中厨

改造流程是程式化的，清楚直白。主要事项如下：

初测、清场：柜体厂家上门测量，并定下将抽油烟机向右移动 6 厘米。

拆旧、选形：台面选择了石英石材质。

定案：厂家再次上门精细测量，在尺寸精准的基础上沟通所有细节并确定方案。

配件：继续使用老厨房拆下的抽油烟机、灶具、水槽。

柜体安装：所有柜子都需要做减小进深的处理。

台面安装：在橱柜安装完毕的基础上，厂家精细测量台面尺寸，定制石英石台面。

▲安装好后的厨房

我的宜家厨房就
算是安装好了。

▲墙面收纳

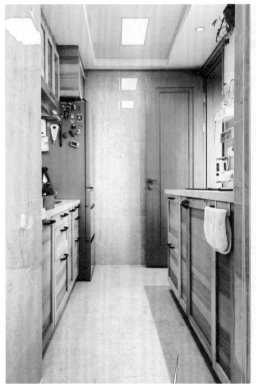

▲中厨改造后的效果

▲新增的调料抽屉

改造后的中厨增加了很多收纳空间，做起家务来也事半功倍

把调料架改成调料抽屉，增加了收纳调料的空间，用起来也更加方便

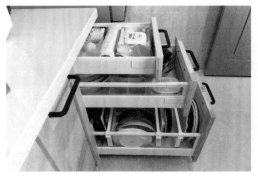

▲深浅不同的抽屉

▲立起来收纳的餐盘

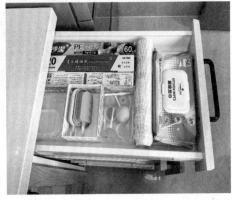

把抽屉中物品进行分类后，就不会出现找不到物品的情况了。

▲分类清晰的抽屉

○橱柜改造有 8 处需要精细处理的地方

（1）柜子深度

我家小厨房空间有限，只有 6 平方米，并且还有两扇门，一扇通往室内，一扇通往设备平台。鉴于此，橱柜只能进行两列平行设计。厨房总宽度不到 2.1 米，宜家的柜体深度为 60 厘米，如果直接组装，加上两边各伸出 2 厘米的台面，那么中间的走道会过窄。若想得到流畅的动线，并保证两人同时在厨房做饭也不会过于拥挤，那么两列柜子之间的最小距离要大于 90 厘米。解决方案就是将两边所有柜体都去掉 2 厘米。

（2）垃圾角

利用厨房管道前面的"鸡肋"空间，我设计了垃圾处理角，需要事先在石英石台面上给垃圾桶开孔。给了石材安装师傅模板纸样后，他的开孔尺寸精准，正好放下一台按压式台面垃圾桶，帮我将厨房垃圾处理动线做到最短。

▲垃圾角

（3）调料盒吊篮

我希望常用的调料盒触手可及，于是在吊柜下方加了一块宜家橱柜装剩下的薄板，我的调料篮便可挂起来了。

把锅盖等常用物品也收纳在墙上，不占用台面空间

▲收纳上墙的调料盒与锅盖

（4）燃气管罩板

　　暴露在外的燃气管怎样处理呢？我定制了燃气管洞洞罩，让师傅帮忙打胶将其包起来。

（5）异型搁板

　　墙角的柜子里有烟道，安装师傅可以现场裁切处理异型搁板，但玻璃材质的不能处理，而由于我的上柜有灯，只能使用玻璃搁板，于是我又定制了玻璃搁板，从而不影响灯光效果。

（6）多余的配件

　　安装后多余的配件，只要是没有拆封的都可以退货。有一组拉手剩下一只，装到了外面西厨抽屉上，这样中厨、西厨的和谐度更高了。

（7）燃气表空间

　　之前的老厨房下柜中，安装燃气表的空间一直不太美观。这次改装橱柜，利用一个拉出式容器，完美解决了清洁工具的收纳问题。

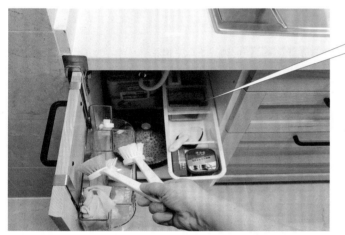

把狭小的空间利用起来，尽可能地用尽每一寸空间

▲充分利用的燃气表空间

（8）水槽下柜

　　经过整理，收纳空间大了很多，可以放下厨师机。

▲充分利用的水槽下柜空间

◎简单的配件也能打造高效的收纳空间

优秀的设计不仅提升了空间"获得率"，还让"不找东西"成为日常。改造后的空间，大大提高了下厨效率。

上柜柜门采用玻璃材质，有效提高可视化程度，拿取物品更加快捷方便，让低频使用的家居用品也不易被遗忘。充足的光源让下厨者的心情变得放松，一切尽在掌控中的感觉让做饭这件事变得更加从容。多抽屉的设计减少了弯腰的幅度和频率，清理橱柜也更简便。

厨房选用的瓶瓶罐罐和收纳盒可机洗，免去了手洗油污的烦恼。备一个替换瓶，从此再也不用手洗油瓶了。

▲可视化程度高的收纳方式

可以用洗碗机清洗油瓶
和收纳盒，解放双手

▲抽屉里的调味瓶

◎ 小厨房台面延长术

▲水槽上方的沥水篮和沥水架

有些家庭的厨房会出现台面不够用的情况，我一般会将沥水架置于水槽上方，不仅可以起到沥水的作用，还可以增加台面空间，同时我也会用到支撑杆，把支撑杆置于水槽上方，再将切菜板置于其上，这样也可以起到延长台面的效果。

▲可延长台面的支撑杆

◎厨房垂直空间的使用，能上墙的物品有哪些？

　　只有充分利用墙上空间，才能实现台面打扫无障碍，操作空间最大化。那么问题来了，厨房里哪一类物品比较适合上墙呢？

使用搁板

体积较大、形状不规则的物品和需要通风的物品

▲上墙收纳的锅盖、案板

▲壁挂式搁板

教我们做菜的手机也可以用磁吸法吸附在倒挂的书立表面上，记录菜谱的白板也是如此

高频使用的物品上墙，比如磁吸刀架、调料盒、洗涤剂

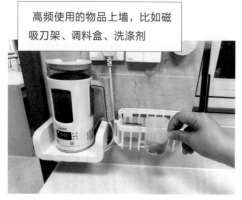

▲高频使用的上墙物品

▲上墙收纳的白板、手机

将洗涤剂稀释后装入洗手液瓶中上墙

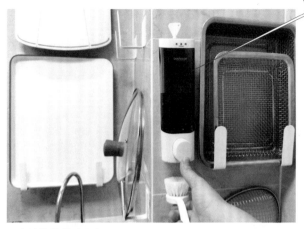

▲上墙收纳的洗涤剂

厨房门后也是物品上墙收纳的好去处，在门后给不同的物品找到它的容身之地，拿取方便

▲上墙收纳的门后物品

◎ 小厨房一定要亮堂堂

小厨房里，油烟是最让人无法忍受的吗？其实，比油烟更不能忍受的是光线不足。房地产商交付的厨房大部分都会有一个问题：光线不足，或者安装的灯位置不合适。收房以后，中厨的灯让我忍无可忍，于是我也动手改造了。

原有的 2 格扣板 LED 灯应当是够用的，但是再亮的灯也抵不过安装位置不对，这两盏灯正好装在操作台面后方。而水槽上方最好的装灯位置却装了一只萤火虫样的小筒灯，完全不起作用。

▲被挡住光的台面

▲灯具改造后的台面

　　后期只能在台面上方的石膏板上重新开孔，装上筒灯。师傅装完后，开灯的一瞬间，厨房明亮又舒适，仿佛进入了一个新厨房，以后再也不用凭感觉切菜了。我的心得是收房后一定要亲自体验每个房间的光线，尤其是家务操作区，尽量保证光源无遮挡。

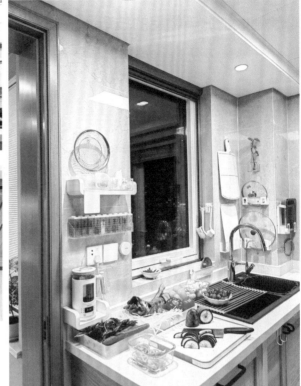

灯具改造后，切菜、炒菜、煮饭都让我心情十分愉悦，再也不会因为光被身体挡住而觉得不方便了

▲灯具改造后明亮的厨房

○厨房灯具改造总结

① 厨房辅助光要选筒灯，不要选射灯，射灯更适合客厅使用。

② 选金属材质的比较好，表面镀铬的用在厨房不易生锈。

③ 选有防眩效果的筒灯，够亮但不刺眼。

④ 顶灯优先选择窄边框、极简设计，若能达到见光不见灯的效果最好。

◎ 快速收纳冰箱物品的技巧

我平时用在整理冰箱上的时间很少，无论是迎接周末的大采购，还是应对网购的批量到货，或是一时兴起做了一大锅卤菜，又或是母亲突然送来一大堆冷冻海鲜等，我都能在极短的时间内收进冰箱，各归其位，从不至于手足无措。

冰箱与衣柜收纳的不同之处在于，衣柜收纳是优先使用黄金区域，而冰箱则是适当留出黄金区域，以便随时应急。冰箱收纳与家中其他区域收纳的另一个不同之处就是，其他区域的收纳允许出现接近饱和的状态，而冰箱则不宜过量收纳。

○ 冰箱收纳的原则

① 超市、菜市场的塑料袋不要放进冰箱，需要袋装的食材可以用保鲜袋替换。

② 必须做完食材分类整理，再收纳进冰箱。

③ 为避免串味，保持清洁，剩余饭菜需要用保鲜盒或有盖的锅具保存，然后再放入冰箱。

④ 优先选用方形保鲜盒，更节约冰箱空间。为便于取放，冰箱里的非同类物品和食材叠放、纵放尽可能不要超过两层。

⑤ 为减少晃动，蛋类不建议收纳在冰箱门内侧。

⑥ 将高瓶、罐装类食品收纳在冰箱门上，取放更便捷，可以充分利用冰箱门上的垂直空间。

⑦ 在收纳工具有限的情况下，优先给散、碎、小的食材进行分组收纳。

⑧ 避免滥用收纳工具，收纳工具的数量和品种要少而精。

⑨ 非特定时期（宴客中、节假日），日常冰箱的收纳量以不超过八分满为宜。

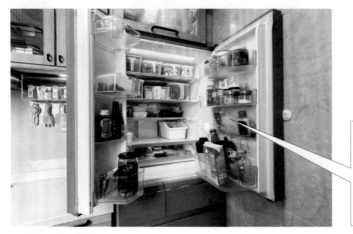

把冰箱物品分类，不仅寻找物品时方便快捷，还会减少食物被遗忘的频率

▲ 收纳后的冰箱上层

○冰箱收纳工具的选择

多余或者无效的收纳工具是一种负担，分组越简单，视觉效果就会越整齐划一，所以无须购买过于复杂的收纳工具。一方面收纳工具本身也需要占用空间，另一方面收纳工具种类过多时，工具之间的融合度就会降低。

我家使用的冰箱整理工具只有方形收纳盒、自制的收纳桶（纯净水桶）、大号保鲜袋和密封夹。

▲ 用密封保鲜盒收纳的荤熟食

长度在 30 厘米以上的葱盒也是冰箱的必备工具，加上一片算水板或垫上厨房纸吸收潮气，可以保持葱的新鲜。这样的长盒还可以收纳黄瓜、胡萝卜之类的食材。

▲ 用长条收纳盒收纳的葱、黄瓜

即便是鱼、面食等这种不规则的食材，也能用大号收纳盒给它固定形状，放鱼的保鲜盒是普通家庭必备的。一方面，可以利用周末时间腌制一定分量的食材，为工作日节省许多做饭的时间；另一方面，可以将做熟之后一次吃不完的食物，收纳在保鲜盒中，放进冰箱以免串味。

▲ 收纳盒收纳的鱼类等不规则食材

▲用保鲜盒封装易串味的食品

▲用大号保鲜袋和密封夹收纳的蔬菜

▲用自制收纳容器收纳的大体积食材

一些大体积食材,比如土豆、地瓜、芒果、菜花等可以用自制收纳桶、牛皮纸袋、硅油布袋、手柄收纳盒等收纳

　　一些体积过大、保鲜盒无法盛放的食物,可以用纯净水桶收纳,放入冰箱的深抽屉中,充分利用深抽屉的垂直空间。但注意纯净水桶不要使用太长时间,几个月更换一次即可。对于冰箱深抽屉,可以用牛皮纸袋、硅油布袋来最大化地利用垂直空间。需要说明的是放入冰箱的果蔬可以适当整理,剪掉根须、去掉泥沙和超市购物袋。为了长久保鲜,不要让果蔬沾上水汽。比较湿的绿叶菜,可以先去除水分后再放入冰箱。

○**关于鸡蛋的收纳**

　　有许多人习惯将鸡蛋收纳在冰箱门内侧，但为了尽可能保持鸡蛋的新鲜度，最好减少晃动。建议在冰箱里放置一只敞口的收纳盒，用来存放鸡蛋，不仅减少晃动，还方便拿取。

▲冰箱内部收纳盒中收纳的鸡蛋

▲用带盖收纳盒收纳水分易蒸发的蔬菜

▲高处使用手柄收纳盒

▲用保鲜盒存放易串味的食品

▲每天在用的调味品

▲收纳在冰箱门内侧的瓶瓶罐罐

▲与磁吸工具配合使用的厨房纸巾

▲冰箱上部收纳状态

▲冰箱整体收纳状态

第 5 节

阳台
小阳台的大功效

▲我家的阳台

◎家中唯一的阳台

对于一个从双阳台住宅搬到单阳台住宅的三口之家来说，只有一个阳台是否意味着生活品质的下降？答案是否定的。我对阳台空间的使用有很多期待，我将这些期待全都做进了空间规划中，需要在毛坯房改造阶段逐一落实。水电工、泥工几位师傅与我交流下来，觉得行业惯例都被我颠覆了。起初最大的工作量就是击破他们口中的各种"不好做"和"做不了"，并且后来的每一步我都在现场参与，所有的"不好做"和"做不了"都一一做出来了。

▲被拆除的客厅推拉门

这个阳台就是我理想中的模样，是我所有自媒体平台中深受粉丝们喜爱和"抄作业"的空间。我们小区也有好多邻居"照抄了这份作业"，一些比我家改造早的邻居看了我的方案，大呼"装早了，装早了"

▲将真石漆墙面改成瓷砖墙面

左右窗扇被装反的通风窗，调整好后，在下方洗衣机位贴上防晒膜

因为我想将阳台和客厅一体化，所以拆除了客厅与阳台之间的移门。考虑到地暖空调的能耗，也为了更好的密封性，我最终将房地产商交付的真石漆墙面改造成了瓷砖墙面。做完两遍防水，我就开始确定封闭阳台型材的颜色。

◎阳台洗晾操作区

只要在家中居住,阳台没有一天不"营业"。洗、晾、烘、熨一个步骤也少不了,所以事先做好空间规划非常重要。有了合理的空间规划,后期的整理收纳都会变得非常容易。超短的家务动线可以很大程度地减轻家务负担。

软装改造前,在全家议定的"回避清单"中,最重要的一条就是"不想坐在客厅里,看到阳台上挂满了衣物",所以晾衣架和洗衣机、烘干机的空间规划是重点。

大部分业主会选择将洗衣机、烘干机两台机器垂直叠放,但为了保证在两台机器上方有空间安装晾衣架,我的洗烘机必须并排摆放,目的是控制晾晒区范围,避免将阳台打造成标准的生活阳台。阳台中间没有了高高低低的衣物,整个客厅都亮起来了,心情也舒畅了。节假日家人们可以聚在这里下棋、喝茶,阳台又多了休闲属性。

拆掉阳台中房地产商赠送的晾衣架,将小型晾衣架和洗衣机、烘干机都规划在阳台东侧。这样平日里可以做到不积攒衣物,东侧洗衣区已足够应付一家三口衣物的洗、晾、熨,大件的床品则用烘干机烘干。

▲ 被锯短的落水管

▲ 阳台通铺木地板

使用电动升降晾衣架将衣物升到最高处,让台面空间可用

将洗衣机和烘干机收纳在台面下,节省了很多阳台空间

▲ 电动晾衣架

▲ 洗衣机和烘干机

169厘米

132厘米

93厘米

▲阳台尺寸图

○关于阳台区的问题汇总

① 台盆尺寸虽小，但是洗抹布、取水浇花是足够用了。

当初不用大台盆是为了获得最大的台面使用空间，水龙头选用抽拉式，什么盆都能使用。

② 安装电动晾衣架，方便衣服在高处晾晒，不会影响台面使用。

③ 一定要在侧边预留插座。

对于这一点，我的想法是可以在阳台熨烫、折叠衣服，还可以在阳台烧水、煮茶休闲时使用。虽然这个想法被许多人断言"不可能"，但现在看来"把理想变成了现实"。

④ 将晾晒区的收纳集中于墙面和台盆里侧，留出最大的台面使用空间。

⑤ 衣架是用超长钉装在集成吊顶上方的水泥顶上的。

⑥ 水龙头进水管、台盆下水管都从洗衣机的侧面和后面走。

只有一个下水口并不影响使用，增加三通水管即可。后期我又在相邻的客厅区，接了带上下水的扫拖机器人，三通水管直接改了五通水管。

⑦ 洗衣机和烘干机选分开的还是一体机？

分开的和一体机其实各有利弊，分开的优势是在于两台机器可以同时工作，减少等待时间，洗烘效率高于一体机。如果居住人口不多，每天待洗的衣物数量不多，则可以考虑一体机。

⑧ 使用干湿通用的统一铝制衣架，晾晒的衣服可以和衣架一起直接放进衣柜。

衣物的熨烫和折叠也都在阳台完成，后续将它们直接放入衣柜即可。

⑨ 在台面后方留一扇内开内倒的窗户很有必要，可以让室内的空气保持流通。

因为使用了石英石台面，即使刮风下雨、忘记关窗，也不用担心对室内造成影响。晴天里有了这个"通风口"，不急着穿的衣服就不用使用烘干机，所以这个内开内倒窗开得节能又环保。

⑩ 在晾衣架前方安装电动柔纱卷帘，最大功能是有客人来访时，降下部分帘子，可以遮住晾晒的内衣。

▲ 收纳在墙上的物品

⑪ 关于晒被子的问题，用移动晾衣架解决。

重量在 6 千克以内的被子，定期用烘干机烘干除湿，效果不逊色于日晒。

⑫ 关于机器防晒问题，洗衣机、烘干机的侧面和后面都贴上了防晒膜，降低日晒损耗。

我曾跑到对面邻居家看过，日光环境下可以完全遮住洗衣机、烘干机。

⑬ 防潮脚套还是有必要安装的。

⑭ 怎样将台面高度尽可能地做到最低？

可以用切割机将台盆下水铜管切到允许范围内的最短，这样台面就可以下降到极致。

⑮ 关于大台盆的问题，我并不期待阳台上出现尺寸过大的台盆。

大台盆不美观，如果是出于功能性考虑，那么家中厨房、卫生间的大台盆已经不少了。我对于阳台区域用水的要求是方便即可，能取到浇花水、湿个抹布的水。

⑯ 台面上可以熨衣服吗？挂烫、熨烫均可。日常放一块熨烫垫在烘干机上就行。

⑰ 石英石下方是有钢托架的，台面采用钢框架搭配石材。

⑱ 洗手池为什么没有设计在中间，那样上下水不是更好走吗？

那样做整个台面空间就被分割开了。只有完整的台面操作空间，才方便日后叠衣服、熨衣服，放盆栽、茶壶、茶杯等。

▲ 可以熨烫衣物的台面

▲ 集中收纳的洗涤用品

▲ 侧面收纳的衣架等常用物品

▲ 抽拉水龙头

▲ 风景很好的熨烫区

▲ 就近收纳的熨烫垫

▲ 可升降高度的电动晾衣架

▲ 可遮挡内衣的电动卷帘

◎阳台的绿植和收纳区

我让师傅帮我拆掉原有的污水管包角，他们认为我一定是要用砌墙法来处理落水管的，但我觉得传统砌墙法有点浪费空间，不便于后期检修，也有点压抑。

阳台西区我准备做绿植和收纳区。为了突出植物本身的美，我选用了白色方块砖，并给这根污水管绑上直径 1 厘米粗的麻绳。挂上鸟笼和枝条，它就变成了一棵树。缠麻绳很简单，污水管高 2.45 米，直径 12 厘米，每缠一段绳抹一点胶水，共需直径 1 厘米粗的麻绳约 100 米长。

墙面安装搁板置物架摆放花盆，收纳柜选择了宜家的铁皮柜。铁皮柜不仅内部可以收纳物品，柜门上还可以利用磁吸整理工具收纳阳台的常用物品。

◀绿植和收纳柜组合，令阳台变得实用又美观

▲兼具保护水管和装饰作用的麻绳

▲阳台西区整体收纳

▲铁皮柜门上的磁吸收纳

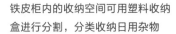

墙角收纳瑜伽垫、吸尘器、小拖车

▲铁皮柜内的收纳

铁皮柜内的收纳空间可用塑料收纳盒进行分割，分类收纳日用杂物

▲阳台绿植区

◎舒适公共区域的秘密

像对待房间一样对待你的阳台。

阳台是这个家中的重要区域，即便不能做到格外美观，至少要做到智能、明亮、舒适。而我们在生活中、媒体上常常看到很多业主花费大量预算，将装修重心放在了"装修风格"上，以至于阳台要么被过度装饰，失去了功能性，要么被忽视，变为纯粹的生活角，不便示人。

▲家中的多种植物

▲十分治愈的阳台

在多数户型中，阳台与客厅通常毗邻。这片区域也是家中最大的公共领域，当客人或亲友来访时，经过玄关、餐厅，往往是在客厅落座，目光看向阳台的方向。一个没有被五颜六色的衣物挡住风景的阳台，仅用语音就可以操控窗帘、灯光，主人和客人的体验感会十分愉悦。阳台水电改造的同时，我也在墙上留下了电动窗帘的插电盒。开发商标配的升降晾衣架拆除后，我又在集成扣板吊顶上装了3盏灯。

自然光线下

▲采光好的阳台

人造光线下

▲足够亮的夜间的阳台

▲夜晚灯光下的阳台绿植区

当我先生打开3盏灯（暖白光，4000开）时，他惊讶极了，也许是被随处可见的昏暗阳台"洗脑"，他不解阳台怎么可以这么亮。

○一些非必要的预算支出

为了降低预算、缩短工期，阳台墙上用的是带有小白砖图案的大砖。美缝剂只选了象牙白和深灰色。贴好墙砖后，用象牙白美缝剂将大砖衔接处涂白，达到了小白砖拼接的效果，节省了 2000 元。

地面没做过门石。我拒绝了师傅让我做大理石过门石的建议，直接用阳台瓷砖垫高，贴成了"过门石"，节省了 2000 元。

▲大块砖做成小白砖的效果

▲没有使用过门石的连接区

关于洗衣机、烘干机后方的开窗方式，是基于环保节能的考虑。事实上，这 3 年来，我家 80% 的衣服是风吹日晒自然干的。平日里烘干机主要负责床品和毛巾被的干燥。只有到了梅雨季，烘干机才会天天工作。得益于这个阳台，我家的客厅也时常充满阳光。我对于这种大自然赐予的能量尤为满意，每一个阳光灿烂、微风习习的日子都令我欢喜。

▲在室内享受充足的阳光

第 6 节

客厅
灵活的多功能厅

▲客厅整体状态

◎ 我的客厅收纳美学

　　我在客厅里工作，也在客厅里放空自己。我家客厅具体是什么风格呢？且叫它"一叶知宅混搭风"吧。客厅是家人和客人待得最久的地方，我不会刻意去购买装饰品来装扮它，客厅的陈列就是家人原有的玩具或旅行纪念品。在这里留下兴趣和生活的记忆点，也许才是更有意义的。在心仪的客厅里度过每一天，这样的生活才慰藉身心。

我们的诉求显而易见：

① 不给客厅设限，不要厚重、有压迫感的电视墙。

② 收纳即装饰，用收纳架陈列家人的玩具和旅行纪念品。

③ 窄客厅也要开阔感，墙面收纳追求小纵深。

④ 让视觉和触感都在舒适范围内，使用色调温暖、材质天然的家具与装饰品。

▲客厅横向视角

▲家具摆放状态

出于对高效清洁的追求，也为了茶几位置的灵活自如，我没有使用可以让客厅"颜值"加分的地毯。为了简化家务流程，方便在投影屏前方做运动，日常客厅保持中间空无一物的状态，也没有按照惯例添置茶几。根据家人生活习惯布置的家，才会满足家人的各种需求，让我们长久地爱上它。

◎小客厅里，随时出现一面电影墙

很庆幸没有在客厅两侧定制壁柜，大大提高了家具摆放的自由度，比较适合家人过段时间就挪家具的习惯。家里看电视最多的人是我先生，他喜欢睡前在卧室靠在床上看一会儿电视，而我和女儿基本不看电视。依照这样的生活习惯，我们决定在客厅移门处放置投影幕布，以免产生电视墙、沙发围成一圈的固定格局。

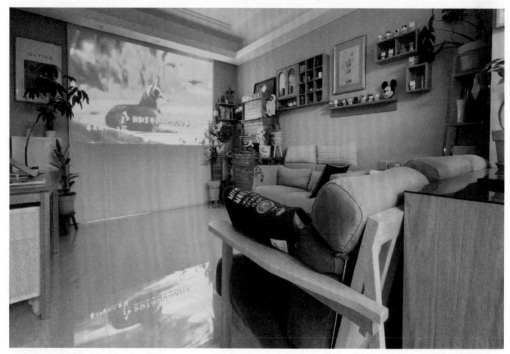

▲我家的"家庭影院"

这里利用房地产商交付时的窗帘盒来安装投影幕布。我没有做窗帘，可升降投影布在这里就成了一面收放自如的"墙"，在客厅里开启观影或运动模式都很舒适。相比传统的电视墙，这样做小客厅更加集约化。

客厅宽 3.73 米，幕布尺寸是可以定制的，做升降电动轨道时，报上幕布尺寸就可以。幕布左右两边各覆盖门框 13 厘米，太宽，浪费墙体空间；太窄，不能完全遮光。

◎ 我的魔法书桌

▲ 书桌附近的物品收纳

▲ 上墙收纳的杂物

入住 3 年，既美观又充满功能性的书桌是我主要用于写作的地方。日复一日，渐渐变成了我要的模样，书桌上既收纳必要物品，又可以随时腾空，在客餐厅里挪作他用。

总结了书桌的优点如下：

① 高效率：30 秒就能清空桌面，桌面上的常用物品在闲置状态下都有墙上固定位置。

② 模块化：书桌随时可以和餐桌组成 12 人位的聚餐大桌。

③ 悬空充电：平板、手机、音箱等小电器都利用墙面垂直空间充电，充电时桌面上空无一物。

④ 设备数量灵活：轨道插座让办公设备数量不受制约，正常电器都能通用，客人的手机也可立即充电。

⑤ 井然有序：墙面上设置铁制洞洞板、磁吸挂件和普通挂钩，工作列表、垃圾桶、抽纸盒、定时器等杂物统一上墙，好的空间应该是看似固定实则自由，拥有强大的包容力，轻松实现办公空间不凌乱。

让书桌处于空无一物的状态，需要工作时能立刻进入状态，空无一物的书桌兼具美观与方便的特点

▲ 整洁的书桌

▲ 笔记本收纳处（宜家鞋柜）

▲ 扫拖机器人收纳柜

▲ 上墙收纳的眼镜、水杯

◎给"动态"的自己做"成长"的家

对家的空间进行规划时，如果是从人和物的静止状态出发——固定不动的物品和"躺平"的自己，就会不知不觉进入"柜子做得越多越好"的误区。实际上，我们在做家务或在室内走动、运动时，如果身边障碍物重重，将是极其不便的。空间规划，一定是给"动态"的自己做"成长"的家。

▲ 房间两侧未做定制柜的状态

▲ 恰到好处的活动家具

经常有人说："我家东西特别多，一定要做超多的收纳空间，才会整齐有序。"不是收纳空间多，家就会整齐，将超多的物品塞进超大的柜子，这只能算是掩耳盗铃。

因为客厅和餐厅都是横向规划的，所以餐桌、大沙发均横向摆放，便于看向客厅移门处的投影幕布。

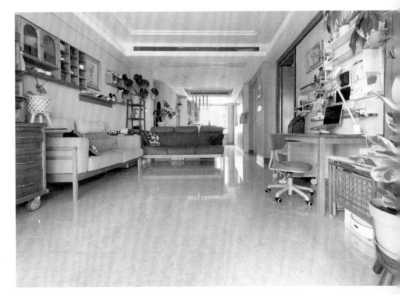

▲ 客厅家具摆放状态

▲客厅物品陈列式收纳

家居空间规划时，适度留白是我最想做到的。即使是再小的房子也得留块空地，用于活动筋骨、休闲娱乐

▲书桌收纳柜兼客厅的移动茶几

▲扫拖机器人柜的上方收纳

　　减去吊灯、茶几、电视柜这些看似"必备的配置"之后，我梳理了客厅物品的总量，感觉没有必要定制大量厚重的收纳柜，仅用活动收纳柜、鞋柜和墙面就完成了客厅的收纳。如此规划布局的优越性，在于完成物品收纳之余，两个人还能在客厅跟着投影仪做运动。

收纳空间不足，可以通过后期做加法（增加活动柜、收纳架、小推车等）和减法（减少不必要的物品）进行解决和改进

▲ 收纳充电线的抽屉

▲ 收纳针线盒、话筒的抽屉

▲ 存放说明书的抽屉

▲ 收纳拍摄器材的抽屉

▲ 收纳运动器材的抽屉

　　家中固定的收纳空间过多，既会缩小房子的面积，让人产生压迫感，又容易让居住者的行为受到拘束，不方便做家务。留出一点空间，给现在的家足够的活动空间，给未来的家留有变化升级的余地，所以定制柜子无须"一步到位"。如果不从根本上控制物品总量，每天依然需要在柜子里的杂物堆中寻找要用的物品，那岂不是本末倒置。

▲ 入户区收纳视角

▲ 好用的挂钩

在近客厅处的墙上装 3 个装饰挂钩，这种挂钩即使不挂物品，本身也带有装饰效果（功能性不太强）。挂钩外面有白色硅胶套，不用担心撞到人，十分适合安装在走廊

太庆幸拥有室内这条纵跨南北的笔直动线了，从北窗到南窗的距离是 17 步，让我闭门不出也能享受到散步的乐趣

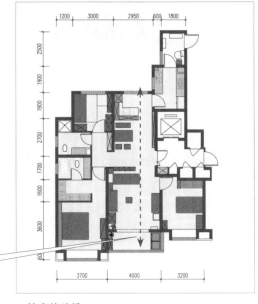

▲ 笔直的动线

◎三代人的无障碍交流空间

▲观影多功能区

▲功能分区明确的客厅

　　我最喜欢的宅家时刻就是家人在客厅看综艺，投影幕布正对西厨，准备着明日早餐的我，有意无意地看向投影幕布，在做家务的同时，也能享受观影的乐趣。又或者我在客厅里运动，家人就在西厨区给我准备冷饮。父母每次来我家，对这个西厨、餐厅、客厅一体的空间都很满意，与家人随时都能互动的感觉太好了。

第 7 节
设备平台
方寸之地的高效利用

▲ 设备平台

◎ 安全合理地使用外部公共空间

　　有一种外部公共空间，在区域位置上相当于私人领域。像我家的设备平台，空间很小，只能放下空调外机和地暖的暖水包，再放上消防设备，勉强还可以站下一个人。隔断采用的是不防风、不防尘的木栅栏，位置就在厨房门外，看着灰蒙蒙的，影响美观。如果整理的话工作量太大，只是透过木栅栏进来的尘土就是擦不完的。

◎依据安全原则进行空间改造

设备平台的空间利用是有原则的，不能在做了收纳之后影响设备的正常使用。首先不能影响消防箱的开关门，其次不能影响空调外机散热，最后不能影响逃生动线等。满足以上几条，就可以有效使用这个空间了。

因为靠近厨房，平日里可以晾果蔬、安置收纳盒等，方便好用。给暖水包加上定制的 15 厘米高的围栏，便有了一块小小的存放果蔬的空间，为冬季开着地暖的室内存放不久的果蔬，提供了一个"天然冰柜"

在窗台上利用长方形塑料盒种植蔬菜，例如小葱和蒜

▲果蔬储藏处

▲日常种植的蔬菜

用人造植物遮挡木栅栏，这样既不影响电器散热，又能挡灰尘。安装方式十分简单，用挂钩挂在墙上即可。脏了就从挂钩上取下来，拿到淋浴房里，用花洒冲洗。

▲人造植物

改造完成，消防箱的高饱和红色被人造植物的绿色遮挡后，空间变得安静且养眼了

▲ "粘钩拉手"的新用法

▲遮挡灰尘的人造植物

▲用白铁皮定制的围栏

第 8 节

主卧
人到中年，终于拥有了单人床

▲适老化的主卧

◎ 人到中年，为"适老"而做的空间规划

　　将卧室改造成"从中年走向老年"这一人生阶段最想要的样子后，我和先生的睡眠质量都好了很多。像国内大多数的商品房一样，我家主卧的形状也是长方形的，宽 3.19 米、长 3.46 米。趁着改造的机会，我使用了一直想用的两张 1 米宽的单人床方案，这也可以算是一种初步的"适老"设置吧。

年长夫妻更加适合一室两床的设置，整理床上用品以及一方在身体不适时，另一方进行照料、服侍、陪伴会更方便。我们身边有很多中老年夫妻分房而睡，同室分床可以延迟或者避免夫妻过早分房，也是提前应对适老的一种举措

▲ 主卧的拼接"双人床"

○ "标准间主卧"的利弊

① 关于睡眠质量：人到中年，我和先生的睡眠质量都有不同程度的下降。50 岁左右的人，做适老化住宅还为时尚早，但可以提升生活质量的设置不妨一试。一室两床的设置，比夫妻俩共用一张大床时更能改善睡眠质量，翻身、坐卧的相互影响都小了很多。

② 关于分床：需要尊重配偶的想法，达成共识才可以这么做，其他人的想法并不重要。建议回想一下，出门旅游时，你俩通常会选择标准间还是大床房，如果通常选择大床房则无须急着改单人床了。

③ 关于床上用品：需要根据新床尺寸更换床笠或床单，被套和枕套可以继续使用。床的尺寸变小，床笠和床垫的清洗晾晒操作比之前省力多了。晒床垫这样吃力的事，一个人就可以完成了。

④ 关于床的选择：床的材质很重要，稳固、牢靠、便于推拉开合的木床更适合。建议给床腿加上毛毡垫。

⑤ 关于床垫的选择：两张单人床，可以根据各自的需要选择硬度适中的床垫。

　　如果使用了两张单人床，在床头两侧再放床头柜或者衣柜，那么空间就太局促了。但若是不添加柜子，主卧的收纳怎样解决？根据空间现状和卧室的整理收纳需求，我最终决定做床后柜。从正前方看过去的效果类似一面半人高的背景墙，给人身后有依靠的踏实感。

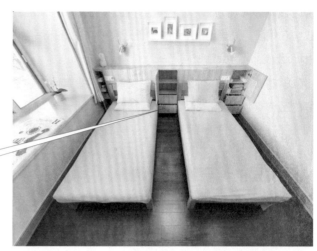

床头两侧是小型抽屉，用来收纳手机充电器等小物件。电是从后面墙上接到柜板上的，床也可分可合

▲暗藏的床头柜

▲可以放入床品的床后柜

这是一个深 0.28 米、高 1 米的床后收纳柜，整个柜子填满床后空间。柜子的内部空间规划根据床的摆放位置设置为前开门、上开门和抽屉等

▲储藏床品的空间

▲悬吊电视柜

○ 从空间规划开始，打造易整理、好清洁的睡眠空间

舒适的睡眠需要整洁的卧室、清香干净的床品。日常维持这一状态，家务量还是很大的，那么在做空间规划时，就要考虑打造易整理、好清洁的睡眠空间。每个卧室使用的床品应收纳在相应房间里，主卧用的被子则收纳在主卧床后柜子中。小房间用浅色不透光窗帘即可，既能遮光，又不会让空间产生压迫感。

电动窗帘每天定时携着阳光来叫早，非落地窗则不装落地窗帘，给扫拖机器人创造更好的工作环境。用扫拖机器人隔日清洁地面，房间里的尘絮不见了，螨尘过敏的烦恼也就消失了。床下保持洁净可以减少尘螨的滋生，获得良好的睡眠质量。

◎ 卧室里的重要物品收纳

每家都会有一些重要物品，比如一些有纪念意义的物品、私人首饰、证件等，我们可以收纳在卧室里。这是亲友和访客都不会来的区域，私密性很高。主卧收纳家具的体量不可以太大，我建议直接选择成品。

证件收纳

饰品收纳

相片收纳

纪念品收纳

▲卧室收纳柜的收纳状态

贴上毛毡层

▲主卧的收纳柜

▲常用项链的收纳

　　有纪念意义的物品、私人首饰、证件等物品的体量不会太大，可以妥帖地在书柜和吊柜中"安家"。

▲湿巾收纳抽屉

▲照片收纳处

▲饰品分类收纳

▲用专用工具收纳手链、项链

▲戒指收纳

▲密封袋收纳饰品　　▲模块组合收纳盒

◎打造理想的衣帽间

为什么房地产商交付时的衣柜看着体积不小，却收纳不了多少衣物呢？这是衣柜的内部设置有问题，再加上收纳工具使用不当，大量的内部空间就流失了。

衣柜好用才是终极目标。该拆掉的部分还得拆掉，哪怕是全新的衣柜。在商品房配备的衣帽间中，这种裤架和抽拉镜算是开发商的标配了。抽拉镜使用之前需要几个动作，打开柜门、抽出镜子、反转镜子。抽拉镜在柜内所占的空间可以挂多件衣服，不如省出这块空间来。在过道处安装全身镜且正对着衣帽间，换衣试衣都很方便，还可以在镜子背后挂些小首饰、小丝巾之类的配饰。镜子的位置调整后，人站在衣柜前，换试的衣物就在手边，常用的丝巾就在镜子后方，伸手就可以拿到。

▲镜子背面收纳常用的丝巾　　▲将全身镜安装上墙

○ 衣柜改动如下

① 将高处活动层板拆下，安装至更适合收纳男式衣物长度的高度。

② 拆除原来容量小且使用频率低的抽屉，增大衣柜下方挂长裤的空间。

③ 拆除只能挂 6 条裤子的裤架，安装顶式抽拉裤架。

▲衣帽间改造图

▲衣柜改造后收纳状态　　　　　　▲衣柜收纳的补充

○改造后的优势

在衣柜体积不变的情况下，上方低频使用的空间仍可放一床棉被，中部高频使用的空间挂放了先生的外套，下部空间方便拿取裤子。挂放的裤子数量是原来的 7 倍以上。

我家衣柜高处放的是换季衣物，虽然拿取的次数不多，但总要去找梯子或者搬凳子来拿取，十分不方便。于是，我用了可折叠踩高凳，在衣柜内装一个凳子收纳挂钩，不用时将凳子挂在衣柜内，方便随时拿出使用。凳子折叠后是薄薄的一片，展开时扎实稳重，受力均匀，不容易让人滑倒，是我整理衣柜的好帮手。有了它，再也不用担心衣柜上方空间闲置了。

▲ 准备高处取物的凳子

如果你未使用统一衣架，那么一定要趁着搬家统一 一下，好用的衣架具备以下特点：

① 外观选择自己喜欢的，质量好一点的衣架往往可以用十几年。

② 干湿两用，可直接从晾衣架上取下，连衣物放入衣柜。

③ 光滑无毛刺，挂的衣服不鼓包。

④ 挂钩处可转动，适合多种柜子深度。

⑤ 适用于挂上衣、吊带、裤子、裙子等。

⑥ 衣架自身框架不宜过大，框架过大的衣架自身就很"吃空间"，当然完美的衣架是不存在的，最终我选定的这款胜在简洁，虽然金属材质会发出声音，但挂上衣服之后还好。

○衣柜区的整理方法

▲统一衣架

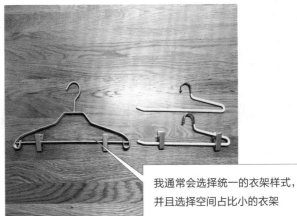

我通常会选择统一的衣架样式，并且选择空间占比小的衣架

▲不同衣架的高度对比

▲裤架扩容后

▲不同高度的衣架在衣柜中的对比

▲用普通文件盒改装的袜子收纳盒

▲用抽拉式收纳盒优化收纳空间

将衣物叠成方块立式收纳，
更方便寻找和拿取

▲将成套的衣裤叠在一起收纳

我通常会把秋衣秋裤和打底衫等衣物叠
成块状收纳，不仅整齐美观，每次需要
时还能很快找到

▲衣柜下方和抽屉收纳状况

第 9 节
次卧
空间的取舍

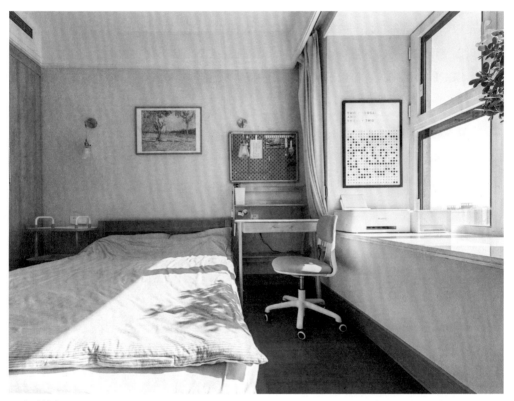

▲次卧的布局

◎床、衣柜、书桌以及空间留白

假如让你在一张 A4 纸上规划一个心仪的房间，你理想的桌面、床面、地面各自占用的面积是多少，这个房间才会舒适又和谐？如果给你这张卧室平面图，也许你用 5 分钟的时间就可以交出一份满意的答卷。

然而，当真正拥有一套房时，常常会有人不假思索地买回一堆尺寸不合适的床、书桌、床头柜等家具，全部塞进来之后，才发现自己搞砸了一个好端端的房间。从我以往到户的整理经验来看，这种情况下，如果是对家具"颜值"不满意，很多人因为装修、搬家、家务繁多，往往就忍受了下来；如果是尺寸不合适，甚至到了放进家具室内无法行走的地步，那就只能花费大量的物流费用退货或到二手市场处理了，无论是经济、精神，还是体力上都是不小的损失。

　　面对一个空房间，我们要优先考虑的是留下多少地面空间，而非买了床，做了衣柜，才发现没有走动的空间了。小房间选床注意点是床头以直角为宜，避免选用厚靠背。床头柜可以用折叠或移动小推车代替，不影响衣柜开关门。千万不要有"衣柜深为 60 厘米才可以使用"的念头，为了留足地面空间，我只做了 52 厘米深的衣柜，完全能放下衣服。如果有肩宽过宽的家人，可以选择可旋转衣架。

> 我遇到最多的案例是不考虑自家的房间面积，直接听取设计师的意见，将衣柜深度做到 60 厘米，很多情况下衣柜空间并不会被完全利用。

▲ 做适合的柜体深度

▲ 足够行走的地面空间

▲带轮小边几

▲非落地窗帘

正如我家次卧这类小房间，一定
要优先考虑留有足够行动的地
面空间

▲次卧整体

◎流动的物品，灵活多变的家

入住一段时间之后，女儿去外地工作了，回家的频率是两周一次。衣柜里是她的换季衣物，书架上是她不常看的书。大量个人物品减少后，房间的"颜值"反而提升了。虽然女儿不在家常住，我也会给她的房间每日通风换气，放上清新的绿植，一直保持房间的整洁。最重要的是预留好她回来时会用到的收纳空间，让她的笔记本电脑、化妆品、衣服等都有自己的空间，这样她才能安心地在家度过愉快的周末。

▲ 次卧的布局

▲ 养在窗台的绿植

女儿每次去上班都会感慨道："刚离开，就开始想家了！"
在环境舒适的家中，睡得好、吃得香，心情也是棒棒的。

◎ 因地制宜的收纳

　　我将之前主卧衣帽间拆下的镜子装到次卧，也算"旧物"利用了，因为次卧靠近入户门，出门前在这里照一下全身镜，真的很方便。利用衣柜靠门的一端做了包包收纳格，主要收纳我和女儿的包包，背上包后照一下镜子再出门十分便捷。

　　收纳没有固定公式，根据你的需要和空间来做吧！

▲ 包包配件收纳

精减掉不会再穿的衣物，节约衣柜空间，减少衣柜日后整理的工作量

将衣柜里过大的空间用收纳工具分隔，有助于物品定位

将衣物分类，比如换季衣物和当季衣物，每天搭配穿着更快捷

按季节分类后的床品、被套、内衣、外衣收纳

可使用多功能透明收纳盒，提高可视化程度

每次洗好的衣物，必须放回它的固定位置

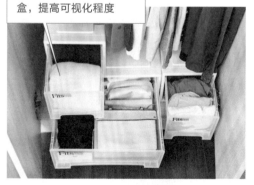

▲ 衣柜收纳

第 10 节

多功能房
空间折叠和模块化收纳

◎将日常生活的低频需求汇集到 7.2 平方米的小空间

很多家庭都有多功能小房间，我家的更小些，长 2.75 米，宽 2.63 米，净面积只有 7.2 平方米。做空间规划时，我希望它能兼备多种功能：

① 小书房：用于我偶尔躲起来写东西。

② 客房：一年中父母会来小住几天。

③ 工具间：收纳先生数量惊人的各种工具。

④ 储物间：放置一些平时很少用到的大件物品。

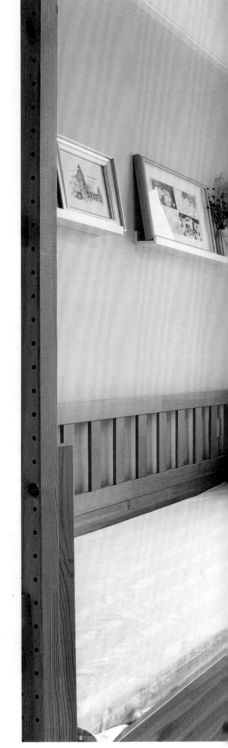

▶拉伸折叠床

没有做榻榻米，一是因为窗外的风景很好，我不想放弃走到窗前看风景的动线；二是因为固定式的家具不利于未来调整空间。在预算并不高的情况下，多功能房使用了折叠床、收纳组件和儿童衣柜。折叠床和折叠桌可以交替使用，也可以同时使用，折叠床展开后长2米，宽1.6米，两个人居住完全没问题，因此多功能房具备了小书房、客房、储物间、工具间的功能。

◎为家中访客准备的收纳空间

访客短住，时间不会太久，所以物品不宜做深度收纳。在指定小范围内，用指定收纳抽屉或收纳盒存放少量的个人物品就可以了。父母每年会来家里小住几天，所以首先考虑的是他们在这个空间的使用感受，我的父母都是80岁左右的年长者，考虑的因素不仅是方便还有安全与心灵慰藉。

对于这个临时客房，我总结了以下几个要点：

① 这个房间紧邻次卫，较短的动线，父母起夜比较方便和安全。

② 选择可收起的折叠书桌，父母来住时，日间走动比较方便。

③ 做可视化收纳，减少父母日常找东西的频率，让父母短住时也更有归属感。

④ 将父母比较关心的物品放在看得见、方便拿取的地方，让父母情绪轻松、更安心。

折叠床和折叠桌同时打开的场景——折叠床拉伸开也不会影响书桌的使用

▲硬度高的床垫

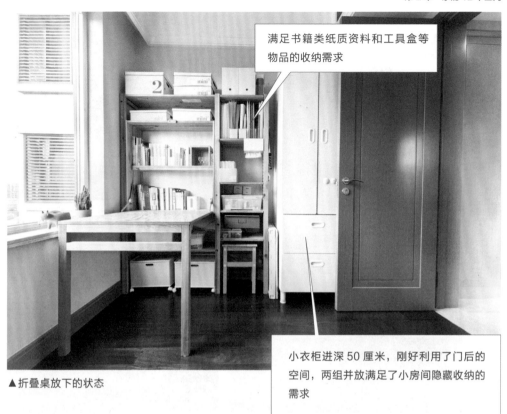

满足书籍类纸质资料和工具盒等
物品的收纳需求

小衣柜进深 50 厘米，刚好利用了门后的
空间，两组并放满足了小房间隐藏收纳的
需求

▲折叠桌放下的状态

▲整洁好用的空间

▲行李箱收纳

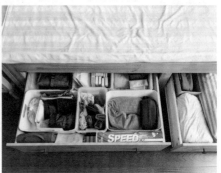

▲多人聚餐时的转盘收纳

▲旅行用品收纳

◎兼具书房和收纳间的功能

▲床上用品和旅行用品收纳

将所有旅行时会用到的物品都收纳在这一个房间，需要时就可以随时准备行李

▲ "摇身一变"的小书房

我常常会在这个小房间里独自工作，看着外面的蓝天，感受温暖的阳光，令我倍感幸福

◎ 先生的工具收纳间

我在之前的整理中常常听到这样的抱怨："我家人的杂物太多了，还一件都不让扔，所以我无法完成整理。"

这种情况往往隐藏两个问题：

① 家人还没有做好整理的思想准备，没有梳理好与个人物品的关系，也没有做好空间规划，贸然开始整理，打乱了家人的节奏。

② 你的整理理念或技能尚未得到家人的认可，信任程度还不足以让家人放心地将整理收纳工作交给你，或与你一起整理。

在现实中即便解决第二点，第一点往往也是很多人难以跨越的问题。因为人与物品的关系太错综复杂了，尤其是一些有纪念意义的物品，其内在的含义只有物品持有者本人才能懂得，所以物品的去留权要留给物品持有者本人。

我先生工作之余的爱好是做手工改造，这些年积攒下来的工具和配件很多，有一些用出感情的更是舍不得丢弃，以至于家里一度到处都是他的工具和配件，他又很反对别人动他的工具，那些一直没有被丢弃的重复配件，也是"迟早会用上的"。但他用的时候又记不清放在哪里，遇到这种情况，帮他做整理的正确方法，就是"不整理"，能做的只是渐渐影响。

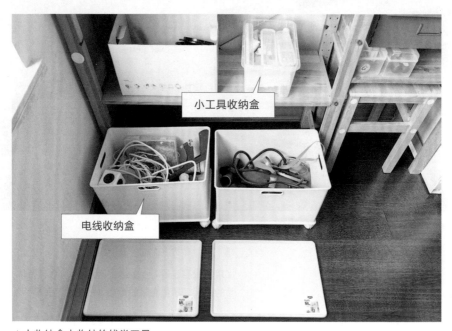

▲大收纳盒中收纳的线类工具

刚搬家时商量说，"为了方便寻找，你所有的工具都只出现在这一个房间里吧"。

过了一段时间，"冲击钻太重了，我给你买个带轮的收纳盒，以后好拿放"。

一年后，"小五金配件掉地上就不好找了，用透明盒分类一下，方便找"。

三年后，"架子下方专门放大型工具，中层放中型工具，上层放小型工具吧"。

现在，先生基本不会叫我帮他找东西了。

▲ 分类收纳的小工具

把家里的工具进行分类收纳，不同尺寸的工具分别收纳在不同的工具盒中，当先生需要工具时可以快速地找到它

▲ 固定区域收纳的专用工具

第 11 节
主、次卫生间
清洁与收纳

▲ 洁净的卫生间

◎打造"一分钟恢复整洁"的卫生间

我家的两个卫生间和其他房间一样，都实现了地面无垃圾桶。打扫卫生间地面更方便。主卫的收纳基本做完了，需注意以下几点：

① 保证良好的采光和通风，收纳后不让洗浴区的硬件环境变差，比如物品挡住窗子。

② 保持台面无物、地面无物的状态，不要随意将物品放在台面或地面上，例如梳子、垃圾桶等一切日用品。

③ 在用来居住而非用来摆拍的卫生间里，清扫工具是必不可少的，无须刻意避免。考虑空间的和谐度，注重工具的外观、形状、数量，有意识地选择包装简洁、色彩柔和的工具。

④ 充分利用住宅原有的收纳设置，将洗漱用品和化妆用品装进相应柜子中，可大幅减少打扫的工作量。

⑤ 给所有物品做定位管理，如将遥控器固定上墙，避免日后寻找，把浴巾挂在指定位置，可减少被弄湿的概率。

⑥ 在需要补充收纳工具的位置，补充统一风格的收纳工具，更有利于维持安静整洁的家居环境。

⑦ 在条件允许的情况下，非卫生间使用的物品不在卫生间收纳，在卫生间收纳的物品，用完及时归位。

改造洗漱柜，让垃圾桶离开地面

使用挂钩，将地垫收纳在墙上

保持台面干净无物，便于清洁

保持地面干净无物，便于清洁

▲ 次卫的收纳

使用抽屉拉篮，
减小取物难度

使用抽屉收纳杂
物，方便拿取

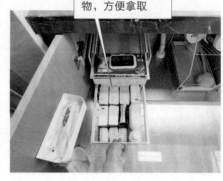

小户型要合理使用门后和墙
上空间，我通常会把门后空
间充分利用起来

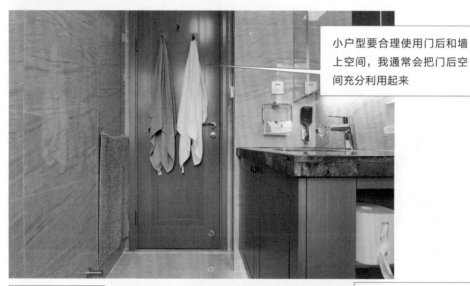

用小收纳盒收纳
吹风机

使用置物车，减少弯
腰取物的难度

▲ 洗手台下柜的物品收纳状态

用收纳工具增加
墙面收纳空间

用挂篮收纳瓶瓶罐罐

用小工具收
纳发夹

用小号塑料盒将物品再
次分类，提高检索性，
拿取更方便

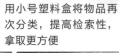

在卫生间准备一个清理
地面碎头发的吸尘器

采用就近原则，把卫生间用品尽可能收纳在
卫生间，包括卫生间的日常补给品，给一些
物品进行分格收纳，便于拿取

用文件盒改造的分隔
盒固定卷发工具

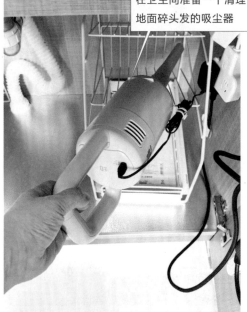

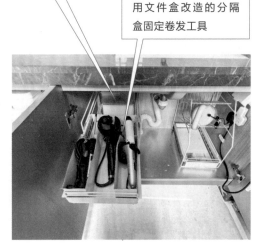

▲主卫的物品收纳

将吹风机收纳在电源附近的柜门上，不用弯腰就能取用

就近收纳卷纸

▲ 吹风机收纳

▲ 卷纸收纳

▲ 空无一物的卫生间地面

◎ 一定要好好利用卫生间镜柜

之前到访过很多委托人的家，他们常常感叹卫生间收纳空间太少。但我发现他们的镜框空间基本是闲置的，他们认为这么浅的柜子放不下物品。在这里我想告诉大家，一定要

亲自尝试将物品放进镜框，你才能体会到镜框的容积是非常惊人的。

因为这十几厘米的深度，刚好让物品检索和拿取变得非常容易，所以这么好用的空间一定不可以放弃。我家卫生间的镜柜是房地产商交付时就有的，深 11 厘米。镜柜收纳整洁又好看的简单方法，就是减少物品数量，减少颜色，减轻零碎感。

镜柜内部囤货区整理步骤：

第一步：将不必要的物品去除；

第二步：将物品按用途和使用频率分类；

第三步：分类后将零碎的小物件放进统一的收纳盒；

第四步：摆放时注意露出包装颜色少的部分；

最后完成收纳：借助适当的收纳工具，让经常使用的物品处于方便拿取的状态，比如刷牙杯、梳子、皮筋等。

用倒挂的书立作为磁吸的支架吸附手机，可以一边洗漱一边听音乐

常用口红专用收纳处

化妆品小样收纳

用磁吸扣收纳充电线

▲ 卫生间镜柜收纳

▲原镜柜有多个镜柜门

▲改造后的镜柜门

▲收纳盒收纳物品

▲牙膏收纳

◎消除在家受伤的隐患

　　家里最容易受伤的地方，除了操作频繁的厨房，就是卫生间了。在没有防滑措施的卫生间中，湿滑的地面上发生跌倒的可能性太大了。新房交房后，我做的第一件事就是在父母入住前，在卫生间装上防滑扶手，放好防滑垫。

　　我在卫生间改造了以下几处：

　　① 在两个卫生间增加防滑垫及墙面挂钩，防滑的同时，可减少打扫时弯腰拿垫子的动作，且易于保持垫子日常不被污染。

　　② 给浴缸相应位置装上两个防滑扶手，减少摔倒的可能性。

　　③ 给两个卫生间各自配上开关窗户的长杆，降低开窗难度，增加开窗通风的次数。

　　④ 将两个卫生间的遥控器上墙，避免发生找遥控器困难的情况。

在浴室加防滑安全扶手，减少安全隐患

▲ 卫生间的安全扶手与防滑地垫

第 12 节

室内公共区域
全家共用的鞋柜

▲公共区域的鞋柜收纳

◎精装房交付时的公共区域收纳柜

我们收到的精装房中往往会自带一些做好的柜子。有些柜子有明确的功能，比如卧室里的衣柜。有些柜子并没有明确用途，需要仔细斟酌再使用。

三口人的鞋、靴收纳需求比较大，用这个公共区域的柜子来收纳全家人的鞋、靴，每个人取放鞋时就不用去别人的房间打扰了

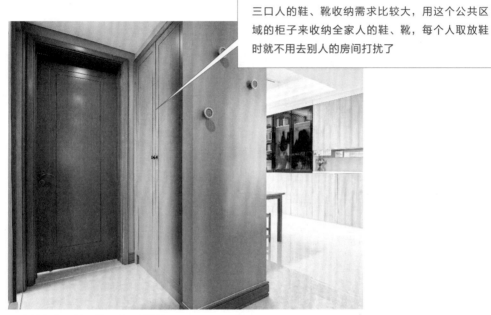

▲方便全家人使用的公共区域鞋柜

◎打造理想的鞋柜

如果是自己装修的房子，可以在做收纳空间规划时测量好家人的鞋长，定制深度适宜、带活动层板的鞋柜。像我家这种成品柜，只能通过收纳改造，尽可能地去利用空间。

▲鞋子的尺寸

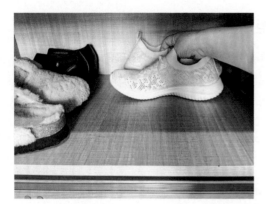

将常穿的鞋收纳在中部至地面的区域，换季的鞋摆放在高处；更高频穿着的鞋放在层板外侧，低频穿着的鞋放在层板内侧。

▲前后交错摆放的鞋子

对于最高处的鞋，如果还需要进一步提高可视化程度，降低找鞋难度，那么还有两个优化方法。一是在鞋柜顶部用纳米胶贴上薄薄的镜片，通过镜面反射，了解哪些鞋子被存放在最上方；二是将高处的木搁板更换成有一定厚度的有机玻璃搁板，这样也能从下方看到所收纳的鞋子。

将常用的梯子也收纳在鞋柜中，方便拿取高处的鞋子。家人日常使用梯子时，来公共区域拿取也很方便

▲就近收纳的梯子

用网兜收纳毛绒鞋

将拖鞋收纳在柜门上，更方便寻找和拿取

用燕尾夹将长靴悬挂收纳

▲鞋子收纳

我认为鞋、靴最好的收纳方法莫过于及时精减不会再穿的鞋，留下宝贵的精力、富余的空间让自己更加放松，让鞋柜更透气。

▲收纳长靴的工具

第3章

在这所叫作"家"的学校里
学会自我整理

第1节
最好的生活整理师是自己

◎ 家务真的可以治愈生活

作为一名经常在媒体发布日常生活的家居博主，我想回答一些朋友的疑问——家务真的自带治愈性质。我是一个喜欢秩序和洁净的人，喜欢看到事物在我眼前变得更美好。每当不开心时，我自有化解方法，整理工位的某个抽屉，或是擦拭家中的某个架子，当抽屉内部变得井井有条或者当蒙尘的角落变得干净时，我的心情也会明亮起来，负面情绪不知不觉一扫而空。

其实在整理收纳行业先行发展的其他国家，早有学者提出**整理收纳可以给人们带来正向的精神效果**。不难看出，完成度高的家务确实带有精神疗愈性质。我们爱的是那份"我付出了"的充实感，以及因为我付出了从而"它变好了"的成就感。当某个空间的整理收纳工作顺利完成后，它带给我们的第一心理感受往往就是完成了，完美了！

▲ 烹饪的美食

家务中的整理收纳无处不在，从这个角度你就可以理解，为什么整理收纳行业的前辈们这么喜欢说"家务治愈了生活"。

◎规划收纳空间时，也在预设家务轻松方案

如果你愿意动脑筋，那么只需要合适的小工具，就能让操作区域的空间大有改观，提升家居环境美观度的同时，还会简化家务流程，让家务变得轻松高效。

▲洗碗刷收纳

如果没有购买定制的整理工具，则可以用透明粘钩自制，将洗碗刷收纳在水槽一侧，方便拿取，西厨台面也更整洁了

将上图刷子隐藏起来

▲具有遮挡作用的沥水架

◎衡量整理收纳做得"好不好"的标准

收纳不是将物品统统收起来，藏进看不见的柜子中、角落里，而是让物品处于"更便于取用和放回"的状态。

整理收纳做得好不好，不仅要看整理后是否变得更加整洁有序，更要看生活效率是不是变高了，以及是否经常需要花费时间找东西。

从动态角度来看，所有物品都有其固定位置，让它们快速归位、恢复整洁，是一件目标明确、很有成就感的事，这也是检验收纳效果的过程。如果动线或物品固定的位置不够合理，那么恢复整洁这件事往往会阻力重重，这时可能就需要我们重新整理收纳。

> 如果你发现全家人的生活效率提高了，家务变得轻松了，家人心情更愉悦了，那一定有整理收纳的功劳

▲ 在中厨看到的落日

第 2 节
用整理思维减轻家务量

◎不要将垃圾桶放在地面上

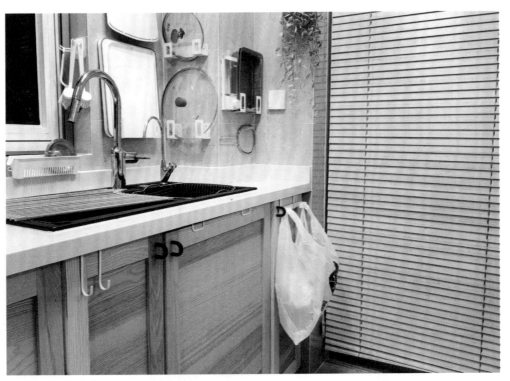

▲悬挂的垃圾袋

不弯腰清理垃圾桶，是我一直提倡的。我家地面上没有一个垃圾桶。

为什么不要将垃圾桶放在地面上呢？原因至少有 3 个：

① 地面上的垃圾桶并不方便做"投掷"动作。如果垃圾丢偏了，既要清理又要打扫，工作量大了几倍。

② 放在地面上的垃圾桶，会"衍生更多家务"，例如被扫拖机器人碰倒，被孩子、宠物打翻，甚至成人打翻垃圾桶的事件也不胜枚举，接下来还要做额外的清理工作。

③ 清理垃圾时需要弯腰下蹲，对身体不友好，这样姿势下的操作，人很快就疲累了。

我家的垃圾桶位置如下：

1 西厨区分类垃圾桶
将垃圾桶设置在按弹式抽屉中，分上下两格，分别存放干垃圾和回收电池等有害垃圾，为餐厅和西厨共用

3 阳台磁吸垃圾桶
由磁吸卷纸桶改装，吸附在铁皮柜门上，方便操作

2 客厅迷你垃圾桶
设置在客厅书桌上，主要收集纸屑等

4 5 卫生间迷你垃圾桶
小容量卫生间垃圾桶，一日清理一次

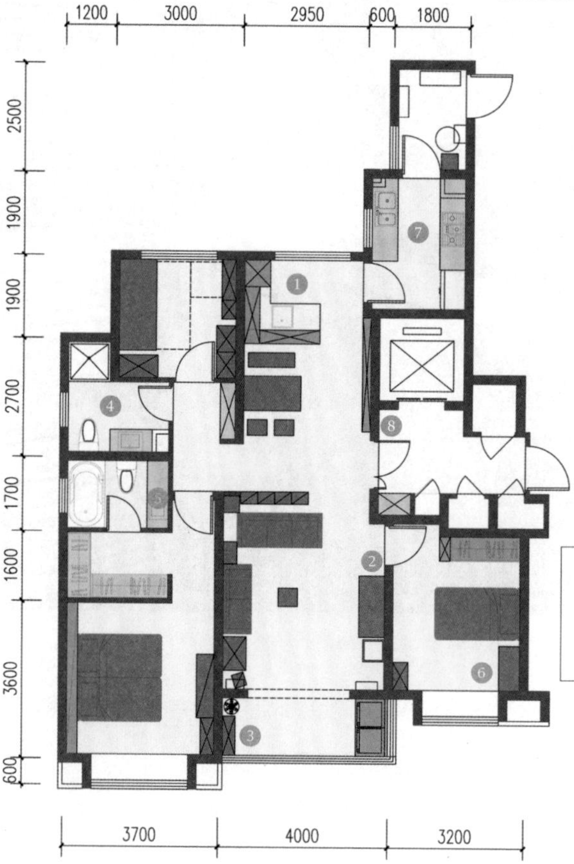

6 次卧迷你垃圾桶
设置在书桌上，收集桌面垃圾

7 中厨垃圾角
与回收塑料袋、挂钩垃圾袋一起组成垃圾处理角，应对厨房不同垃圾

8 门厅悬挂垃圾桶
悬挂在门厅处，收集快递包装等垃圾

弯腰处理垃圾的方式
容易令人疲惫

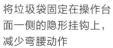

将垃圾袋固定在操作台
面一侧的隐形挂钩上，
减少弯腰动作

▲垃圾收纳

◎日常整理是随手完成的

　　打造便于整理的环境也需要日常的维护，我日常的整理收纳工作大都是随手完成的。我向来不希望将业余时间都用在家务上，所以会有意识地控制一些复杂家务的工作量。最常用到的方法就是不要让"简单家务"变成"复杂家务"。例如，阳台有个小水槽，稍不留神地面就容易有水，如果不立即处理，后期可能会混入阳台上的花泥。因此我在阳台上准备了一只海绵小拖把，并且在网上找到一只原本用来装粘毛滚筒的盒子，能够罩住海绵部分，用在这里刚刚好。我将拖把浸泡在里面，加入一滴 84 消毒液，哪怕在阳光直射的阳台，几天不用都不会变干。

为什么不用拖把桶呢？一方面，拖把桶不能上墙，会占用很大一块地面空间；另一方面，拖把桶本身清洁起来也很费时间。建议家中的清洁工具选择自重轻又称手的，这样会让家人更愿意参与到家务中来。

海绵小拖把的优点是能够清理地面上的
水、头发、灰尘，缺点是容易变干硬，
气温越高，干得越快，用之前需要先花
时间用水泡开

▲海绵小拖把存放处

第3节
掌握整理收纳技能，顺应时代发展

◎ 在电商时代，关于购买这件事

无论你在家里是否做家务，请一定要购买能减少我们家务工作量的新产品，不要被各种"抵制消费主义的正能量"误导。生命短暂，有机会一定要尝试各种能解放双手、有趣的新产品。这个世界上有这么多研发机构，他们调用各种资源生产出各式各样的好产品。如果自身经济条件允许，为何不去尝试呢？科技改变生活，而你正年轻，为什么不去体验过去古人做梦都想不到的新科技呢？

普通人近距离接触科技革命的方法，很有可能就是从使用一台扫拖机器人或者一口多功能料理锅开始的。做家务可以令人身心平静，甚至可以发挥人的创造力。但我不太喜欢单一的重复劳动，例如洗碗。我曾研究过如何洗碗、碟、锅最省时间，什么样的洗碗工具可以让洗碗过程中水的喷溅量最少，用什么样的洗涤剂过水最彻底，后来发现在洗碗机面前，这些都不是问题了。机器完全没有喷溅的问题，用水量少了一半，烘干后的光亮洁净度都是完胜，所以我心悦诚服地将洗碗这件事交给了洗碗机。

有好多年轻的居住者给我留言，到底有没有必要买烘干机？与其讨论这个问题，不如讨论一下你想要的生活方式。如果你想掌握更多生活的主动权，我建议你买。

> 未来，人工智能将帮助我们处理掉很多单一重复的家务，也许我们更应该考虑省出来的时间可以做点什么更有意思的事。很多时候，我们买的不仅仅是一台机器，而是选择了一种主动的生活方式。

举个例子，下午家里会有亲友到访，如果家有烘干机，你上午就可以把所有内外衣烘干，用一个整洁清爽、只有花草的阳台来接待他们。这种情形下，相比挂满衣物的阳台，主人和客人的心情是不是都会更愉快？这便是追求更有"主动权"的生活方式，**毕竟使用这些家电的最终目的是让我们过上更轻松高效的生活。**

　　生活新用品层出不穷，前提是我们需要管理好家中物品的总量。对于不再使用的物品，在二手平台上出售或捐赠都可以，不妨有计划地使用。不要让家中宝贵的空间被闲置的物品占用着。不要害怕精减物品，精减物品并不是浪费，最大的浪费是买而不用。

▲ 很有意境的中厨

◎ 怎样有效完成"去芜"这一步？

　　曾经有学员问我：为什么一定要做物品精减？我的回答是：人生苦短，必须去芜存菁。

　　这次搬家，有一只打包厨房物品的箱子一直没能带到新房里来，每次想到这件事我就开始焦虑。直到在新房里住了近 5 个月才有时间拿过来，我如释重负地取出箱子里的碗碟工具。但这个时间差让我很吃惊，原来没有这一箱物品，我的生活完全不会受到影响。很多时候，你认为"一定不能放手"的某些事物，是不是真的不能放手呢？

我想起一些入户整理的案例，有些委托人几乎不能精减任何物品，他们的心境正和拿到箱子前的我一样。人们什么情况下会陷入物的桎梏？很常见又不易察觉的是：人性的弱点使得超量的物品对你为所欲为。这些物品是有着各种各样的名号："贵重的""有纪念意义的""有趣的""不占地方的""即将用到的"……

不经意间你的生活空间变小，牵挂变多，这些各有来头的，需要记忆、维护的物品，占用你大把的时间、空间、体力、脑容量。你累但不能及时休息，你想呼吸但不够顺畅，你想放弃总有犯罪感……这不就跟坐牢差不多？

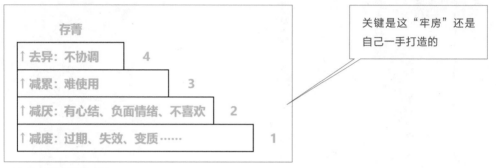

▲ 去芜存菁的收纳方法

近几年中国电商行业迅猛发展，这让国人的物品数量也成倍增长。对于家居博主来说，这更是喜忧参半的事情。喜的是有了取之不竭的创作素材，永远不用担心灵感枯竭；忧的是作为海量物品的持有者，管理、收纳的工作量很大，同时还要保持物品的流通和活力。

作为一名家居博主，如果我不做物品精减，那么我的家将被海量物品淹没，也将严重影响家人生活。我不喜欢让物品长期寄身在阴暗的角落，所以精减物品几乎是我每周必做的事。精简物品后，人反而会变得更充实。

▲ 精减的衣物

我在引导委托人做整理收纳时，习惯使用的精减物品流程如下：

① 让委托人丢掉废品。比如过期食品、失效药品、变质的化妆品等。

② 让委托人丢掉他凭直觉最想丢掉的物品。比如会引起不愉快回忆的物品、觉得太难看而不喜欢的物品等。

③ 帮助委托人放弃一些使用困难、耗费心力的老旧物品。一些委托人因为习惯而麻木，对于早该淘汰的物品没有精减意识。

④ 对于整理目标要求较高的人群，比如明星、博主等，从家居美学的角度，帮助他们精减，可以使用整理收纳工具。

以上步骤结束后，就可以开始收纳工作了，打造井然有序、轻松高效的家居收纳场景。

◎收纳不是一成不变的

整理收纳应当围绕着生活需要做恰当的调整。

我近期换掉了两个卫生间的抽纸盒。之前的抽纸盒用纳米胶粘在洗手池边的墙上，每次洗完手，抽一张纸擦手很方便。住了一段时间后我发现，由于洗手池靠近抽水马桶，当马桶盖没有合上时，擦完手的抽纸就会很自然地被丢进抽水马桶。

很多抽纸其实是不溶于水的，与其反复提示家人不要将抽纸丢进马桶，不如将抽纸盒撤走。我在网上找到了合适的卷纸盒，从此擦手和如厕都用可溶于水的卷纸，再也不用担心有人不小心将抽纸丢进马桶了，擦完手的卷纸也不用弯腰放入垃圾桶了，卫生间里也只需囤卷纸了。

▲ 灵活的卫生间收纳

◎ 伴随一生的整理收纳

宇宙如此复杂，地球从混沌到生命的起源经历了漫长的岁月。每个人在百年左右的生命里，却总是出于热爱生活的本能，孜孜不倦地整理收纳。**整理收纳是人生命进化中一直在做的事**，只是很久以来，人们不知道自己做的很多工作就是"整理收纳"。

庆幸在文明发达的今天，整理收纳活动的价值被发现，并成为新兴职业，让我们得以有更多途径受益于它。值得我们开始第一场整理的场所，就是我们的家。每一位居住者的"梦想住所"都是不一样的。置身于居住空间里，将我们各式的生活需求按迫切程度排序，分出主次。你会惊喜地发现，生活真的发生了越来越多的变化，思维也变得敏捷而清晰了。

中年的我，无比感激我的小家亦是我的"梦想居所"，既能容纳我和家人的生活起居，又帮助我完成很多整理收纳事项。之前的"蛰居"期，我在自媒体账号上分享整理收纳，大部分内容都来自我家真实生活场景中的整理收纳案例。

在这期间，我领悟到任何脱离生活的整理收纳都是无意义的。我想做的整理收纳不仅仅局限于满足视觉享受，更真正提高了生活效率，让人、物品、空间都变得更和谐，这才是我探寻的整理收纳的意义。

希望读完本书的你，从家的一个小角落开始，从你的工位开始，或者从打开你每天在用的手提包开始，来一次小小的整理吧。

步骤如此简单，畅想一下你的理想生活，将准备整理的物品摊开，精减日后大概率不会再使用的物品，给留下来的物品安排好合适的位置。多多练习，你一定可以找到整理的感觉和方法。常常"俯瞰"你的生活，最简单的方法是用手机拍下一张横平竖直的图片，思考这个空间和你刚住进来时的感觉一样吗，你刚搬进来时曾计划在这里做什么，它还是那个一直让你安心、包容着你的空间吗？**把有限的时间放在最有价值的目标和行动上吧。**

愿你一直拥有整理的兴趣，获得轻松高效的人生。热爱生活的心情在，整理收纳便不会停止。

后记

　　5 年前，我体会到整理收纳给我的生活带来了越来越多的积极变化，便开始在微博上用图文记录一些整理收纳的日常。其间，一直得到"粉丝"们暖心的回应，为了更好地将整理收纳分享给大家，我学会了视频剪辑。无心插柳，这份令我喜欢的工作也让命运的齿轮开始转动，就此我逐步成为一名家居博主。但我内心一直想做的一件事就是将整理收纳这一技能、这种思考方法，用文字脉络分明地梳理出来，让收纳爱好者们可以更加系统地了解、运用、受惠于整理收纳。

　　我相信通过我家的空间规划，你一定能感受到整理收纳本身是一件多么美妙的事。我愿现身说法带你领悟整理收纳的魅力。

　　在这本书的创作过程中有很多美好的时刻，为了拍摄书中的图片，我欣喜地观察到冬季的客厅光线最温馨，夏天的厨房窗外会有彩霞溢满天。每天伏案之余，我会在空旷的客厅跳上半小时健身操，肩颈的疲惫立刻缓解了。当初没买茶几的决定真的很适合我，写着写着，我更爱我家了。在本书的撰写中，我将书中的部分章节放在媒体平台上，收到了粉丝真情十足的"表白"："一直以来，跟一叶知宅老师学到了很多！"这让我更有信心将本书写好，也让我萌生了以后要继续进行整理收纳内容创作的决心。

　　在这次写作过程中，尤其令我感动的是凤凰空间的编辑们——策划编辑曲老师和美编姜老师，她们一边帮我审稿、排版，一边也爱上了整理收纳。当我得知她们都在家中开始重新审视室内空间的使用、着手用整理工具优化生活形态时，我真的很兴奋。我第一次感受到文字的力量如此巨大，由键盘敲出的无声喊唱，竟然能得到绵绵不断地回响。

　　希望这本书是我写作的起点，日后可以如诸多优秀的整理收纳师一般，持续创作出更多的整理收纳内容，让更多人感受其中，受益其中。愿热爱生活的你，生活更加轻松高效，也愿这高效的收纳治愈你的人生！

一叶知宅

2024 年 5 月